数据分析与可视化

梁英宏　谢　嵘　刘义春◎主编

吉林大学出版社

·长春·

图书在版编目（C I P）数据

数据分析与可视化 / 梁英宏，谢嵘，刘义春主编．
长春：吉林大学出版社，2024. 10. -- ISBN 978-7
-5768-4333-0

Ⅰ. TP274；TP31

中国国家版本馆 CIP 数据核字第 20253ML685 号

书　　名　数据分析与可视化
　　　　　SHUJU FENXI YU KESHIHUA
作　　者　梁英宏　谢　嵘　刘义春　主编
策划编辑　殷丽爽
责任编辑　张宏亮
责任校对　安　萌
装帧设计　张秋艳
出版发行　吉林大学出版社
社　　址　长春市人民大街 4059 号
邮政编码　130021
发行电话　0431-89580036/58
网　　址　http://www.jlup.com.cn
电子邮箱　jldxcbs@sina.com
印　　刷　天津和萱印刷有限公司
开　　本　787mm × 1092mm　1/16
印　　张　13
字　　数　210 千字
版　　次　2024 年 10 月　第 1 版
印　　次　2024 年 10 月　第 1 次
书　　号　ISBN 978-7-5768-4333-0
定　　价　72.00 元

前　言

在当今信息爆炸的时代，各行各业都在产生和积累海量数据，数据已成为企业和组织最重要的资产之一。如何从海量数据中提取有价值的信息，并将其转化为可行的决策，成为各行各业面临的共同挑战。通过数据分析，隐藏在数据背后的规律得以被揭示，复杂问题得以解决，从而为决策提供有力支持。而数据可视化作为数据分析的重要组成部分，能够将抽象的数据形象化，使信息更直观、更易于理解。Python 语言因其简洁易学、功能强大而成为数据分析以及可视化的首选工具。本书基于 Python 语言及其生态，详细介绍了如何利用它们高效地进行数据分析和可视化工作。通过学习本书，读者将能够了解以下内容。

（1）学习数据分析的基本概念，掌握数据清洗、转换、探索、建模和评估等核心步骤。

（2）熟练使用 Python 数据分析与可视化生态系统，掌握 NumPy、Pandas、Matplotlib、Seaborn 等常用库，进行高效的数据处理和可视化。

（3）了解时间序列分析、深度学习等高级主题，为深入研究打下基础。

（4）应用数据分析与可视化技术解决实际问题：通过丰富的案例和练习，将所学知识应用到实际工作中，提升数据分析能力。

本书的主要特点如下。

（1）内容全面：本书共分为 7 章，涵盖了数据分析与可视化的各个重要方面。从基础的 NumPy 和 Pandas 库的使用，到高级的深度学习算法的应用，再到各种可视化工具的介绍，本书为读者提供了一个完整的知识体系。

（2）实用性强：本书注重理论与实践的结合，每一章都包含大量的代码示例和实际应用案例，帮助读者将所学知识应用到实际问题中。

（3）循序渐进：本书的编排遵循由浅入深的原则。从基础的数据处理工具开始，逐步过渡到更复杂的分析方法和可视化技术。

（4）多种工具介绍：本书不仅介绍了 Python 数据分析的核心库 NumPy 和 Pandas，还涵盖了多种流行的可视化工具，如 Matplotlib、Seaborn 等。

（5）前沿技术覆盖：本书在介绍传统数据分析方法的同时，也涵盖了当前热门的深度学习技术。

本书共分为 7 章，内容涵盖了数据分析与可视化的各个方面：

第 1 章介绍数据分析与可视化的基本概念；

第 2 章至第 3 章深入讲解 NumPy 和 Pandas 这两个 Python 数据分析的核心库，掌握数据处理、操作和分析的基本技能；

第 4、第 6 章重点介绍 Matplotlib 和 Seaborn 这两个强大的可视化库，学习如何创建各种类型的图表，将数据以视觉化的方式呈现；

第 5 章介绍时序分析等高级主题；

第 7 章结合深度学习技术，介绍数据分析与可视化的前沿发展趋势。

本书适合多种类型的读者：

大专院校学生：本书可以作为数据科学、计算机科学、统计学等相关专业的教材或参考书。

数据分析师和大数据工程师：对于已经在职的专业人士，本书可以帮助他们系统地学习新工具和技术，提升数据分析和可视化能力。

程序员和软件开发者：对于希望进入数据分析领域的 IT 从业人员，本书提供了一个全面的入门指南。

其他领域的研究人员：对于需要处理和分析数据的其他领域研究人员，本书可以作为一个实用的工具书。

数据分析与可视化是一个快速发展的领域，尽管本书涵盖了当前最常用和最重要的工具和技术，但技术的发展永无止境。我们鼓励读者在学习本书内容的基础上，持续关注这个领域的新发展，不断学习新的工具和方法。在编写本书的过程中，我们力求内容的准确性和实用性，然而难免会有疏漏或不当之处，我们真诚欢迎读者的反馈和建议。

梁英宏　谢　嵘　刘义春

2024 年 5 月

目　录

第 1 章　数据分析与可视化介绍

本章介绍数据分析与可视化的基础概念，旨在为读者构建数据分析的基本框架，为深入学习奠定基础。

1.1　数据分析概述

数据分析是指利用统计方法、绘图方法、神经网络方法等技术手段，对收集的结构化或非结构化数据进行处理、分析、汇总和理解的过程。其核心目标是从原始数据中发掘隐藏的内在模式和规律，提取有价值的信息，并基于这些信息形成合理的结论和见解。这一过程将原本杂乱无章的数据转化为可解读、可理解的知识，为决策者提供有力的决策依据，指导未来行动方向。

小知识：结构化和非结构化数据

结构化数据和非结构化数据是对数据类型的两种划分。

（1）结构化数据（structured data）：

①具有固定格式或组织良好的数据；

②通常存储在关系数据库、电子表格等有组织的存储库中；

③每个数据都有预定义好的模型或模式，包含特定类型的字段或变量。

结构化数据的例子：存储在数据库中的学生信息、员工记录；存储在电子表格中的订单数据。这些数据通常以“表”的形式存储，有行和列。

（2）非结构化数据（unstructured data）：

①没有预先定义的数据模型或格式的数据；

②这些数据通常以文本、多媒体内容（图像、视频、音频）等形式存在；

③例如电子邮件、网页内容、社交媒体数据、传感器数据、文档、视频等；

④非结构化数据的量通常比结构化数据大得多。

数据分析通常需要对结构化和非结构化数据进行处理和整合，结构化数据更容易分析，而非结构化数据需要先进行数据预处理，将其转换为可分析的格式。

1.2 数据可视化概述

数据分析的结果通常是抽象和复杂的，很难通过纯粹的数值理解数据的全貌。将数据转换为图形、图表、动画或其他形式的可视化是解决这一问题的重要方法。

数据可视化是指将数据以可视的形式呈现，如图形、图表、地图或动画。通过可视化，人们能够更直观地理解数据中的模式、趋势和关系。这不仅帮助数据分析师快速识别关键信息，还能有效地向决策者和其他利益相关者传达分析结果。

在数据科学和分析领域，Python 语言及其相关库因其强大的数据处理能力和丰富的可视化功能而广泛应用。例如，Matplotlib、Seaborn、Plotly 等库提供了丰富的图形化选项，可以创建高度定制化的可视化图表。

1.3 数据分析常用工具

一些常用的数据分析工具如表 1-1 所示。

表 1-1 常用的数据分析工具

工具	描述
Python	有丰富的数据分析库如 Pandas、NumPy 等，是一种强大的编程语言，广泛用于数据分析、机器学习和自动化任务
Excel	微软公司开发的电子表格软件，适用于基础数据分析与可视化
R 语言	专门用于统计分析的编程语言，R 是属于 GNU 系统的一个自由、免费、源代码开放的软件，它是一个用于统计计算和统计制图的优秀工具
SQL	SQL（structured query language）是一种专门用于管理和查询关系型数据库的编程语言，用于数据库查询和管理
Tableau	是一个可视化分析平台，是斯坦福大学一个计算机科学项目的成果，用于可视化数据，通过直观的界面将拖放操作转化为数据查询，从而对数据进行可视化呈现
Power BI	微软开发的商业智能分析工具，是一套商业分析工具，用于连接数据源、简化数据准备并提供即时分析，生成报表并进行发布，能把复杂的数据转化成简洁的视图

续表

工具	描述
SAS	企业级统计分析软件，用于高级分析、多元分析、商业智能、数据管理和预测性分析
SPSS	由 IBM 开发，广泛使用的统计分析软件包，适用于社会科学和市场研究的数据分析
Jupyter Notebook	交互式编程环境，常用于数据分析和可视化，支持多种编程语言
Apache Spark	开源的分布式大数据处理框架，支持大规模数据处理，适用于实时数据流处理和机器学习任务
MATLAB	MathWorks 公司开发的高级编程语言和交互式环境，适用于算法开发、数据可视化、数据分析和数值计算
KNIME	开源数据分析、报告和集成平台，支持可视化编程，通过图形化工作流操作简化数据分析过程
Alteryx	商业数据分析和处理平台，提供数据准备、混合和分析功能，适用于业务分析和数据科学
QlikView	商业智能和数据可视化工具，通过内存数据处理提供快速响应和交互式数据探索

本书将采用 Python 语言以及相关库作为数据分析与可视化的工具，使用 Python 进行数据分析和可视化有许多优势，包括：

（1）可用于数据分析和可视化的丰富的生态系统；

（2）Python 语言开源、免费；

（3）Python 的语法简洁清晰，学习曲线相对平缓；

（4）可以轻松集成其他功能，如网络爬虫、数据库操作等；

（5）与 Spark 等大数据工具良好集成；

（6）大量资源、文档和第三方库；

（7）跨平台，可在不同操作系统上运行；

（8）Jupyter Notebook 提供交互式开发环境，便于探索性分析。

1.4 数据分析一般流程

数据分析的一般流程可以细化为以下几个主要步骤。

1）提出问题：即明确分析的目的和要解决的问题。

（1）提出问题和分析范围，例如，“2024 年广州市燃油汽车产量下降的原因？”“近三年广州市和深圳市新能源汽车产量的对比。”

（2）制定分析目标，即期望通过分析达到的目标，比如提高新能源汽车销售量等。

（3）设计分析流程和方法，确定需要的数据类型和分析工具。

2）采集数据：即收集所有相关的数据。

（1）确定数据源（如数据库、文件、API、Web 爬虫、问卷调查等）。

（2）使用工具和技术收集数据，例如使用 SQL 查询数据库、使用 Python 脚本抓取网页数据、调用 API 获取数据等。

（3）将收集的数据存储在适当的位置，如本地文件（如 CSV 文件）、数据库（如 MySQL）或云存储。当数据量大时也可以进行数据采样（按一定规则选取部分数据）。

3）处理（清洗和分析）数据。

（1）数据清洗。

①处理缺失值：填充、删除或插值缺失值。

②检测并删除重复数据。

③处理异常值：检测和处理异常值，如纠正错误数据或剔除异常数据点。

④标准化 / 规范化数据：将数据转换为统一格式，确保数据类型一致。

（2）数据分析。

①描述性统计分析：使用统计学方法描述数据的基本特征，如均值、中位数、标准差等。

②探索性数据分析：使用可视化工具和技术探索数据，识别模式、趋势和关系。

③应用统计模型或机器学习算法进行预测或分类，如回归分析、聚类分析等。

4）结果可视化：即通过图表和图形有效展示分析结果。

（1）选择合适的图表：根据数据类型和分析结果选择合适的图表，如条形图、折线图、散点图、热力图、地理图等。

（2）使用工具和库创建图表，如 Matplotlib、Seaborn、PyEchart、Plotly 等。

（3）解释和展示结果。

5）结论：即总结分析结果，提出结论和建议。

（1）总结数据分析中发现的主要结果和趋势。

（2）根据分析结果回答最初提出的问题。

（3）基于分析结果提出可行的建议。

（4）将分析过程、结果和结论整理成报告。

1.5　基于 Python 语言的数据分析与可视化工具

本书采用 Python 语言以及相关库作为数据分析与可视化的工具，所用到的 Python 第三方库包括以下几种。

（1）NumPy 用于数值计算。

①提供多维数组对象。

②支持大量的数学函数操作。

③高效的内存使用，适合大规模数值计算。

（2）Pandas 用于数据处理和分析。

①提供 DataFrame 和 Series 数据结构。

②数据操作和分析功能。

③数据输入 / 输出（CSV、Excel、SQL 数据库等）。

④时间序列功能和数据聚合操作。

（3）Matplotlib、Seaborn、PyEcharts、Plotly 用于数据可视化。

① Matplotlib：基础绘图库，动画功能。

② Seaborn：基于 Matplotlib 的统计图表库，内置数据集，图形美观。

③ PyEcharts：交互式图表库，适合制作动态和交互式图表，国内地图功能强大。

④ Plotly：交互式绘图库，支持在线和离线使用，国际地图功能强大。

（4）Statsmodels、Prophet、Pyplux 用于时序数据分析。

① Statsmodels：提供多种统计模型，包括时间序列分析。

② Prophet：Facebook 开发的时间序列预测工具，能够处理复杂的季节性和假日效应，简化了时间序列预测的流程。

③ Pyflux：概率性时间序列建模，提供了多种概率模型和贝叶斯推断方法，适合复杂的时间序列分析。

（5）SciPy 用于数值计算、Scikit-learn 用于机器学习。

① 建立在 NumPy 之上，提供了大量的数学、科学和工程计算功能，包括优化、线性代数、积分和统计等。

② Scikit-learn 提供各种机器学习算法，包括各种监督和无监督学习算法，以及数据预处理、模型评估和选择工具，适合进行机器学习模型的构建和应用。

（6）Opencv 用于图像处理。

开源计算机视觉库，提供丰富的图像处理和计算机视觉算法，支持图像处理、特征提取、目标检测等任务，支持第三方分类模型。

（7）PyTorch 用于深度学习、TensorBoard 和 Visdom 用于学习过程可视化。

① PyTorch：灵活的深度学习框架，支持动态计算图和自动微分，广泛用于构建和训练深度学习模型。

② TensorBoard：TensorFlow 提供的用于可视化训练过程和模型的工具，但也可以与 PyTorch 结合使用。

③ Visdom：用于实时交互式可视化的工具，支持 PyTorch 和其他框架，有助于监控和调试深度学习模型。

本书将系统性介绍数据分析和可视化方法，对上述 Python 第三方库进行详细介绍。

其他课程学习的辅助工具：

（1）Anaconda 或 Miniconda，用于使用 Jupyter 交互式笔记本工具；

（2）Python 程序的编写可以使用 Jupyter Notebook，也可以使用 PyCharm、VSCode 等集成开发工具；

（3）作业、习题的文本使用 md 格式（Markdown 语法文件），公式使用 LaTeX 排版工具。

第 2 章 NumPy 数据处理

在数据分析与可视化中，NumPy 是 Python 中最基础和重要的库之一。第 2 章将全面介绍 NumPy 库的核心概念和功能，从数组的创建、运算和统计，到数组的排序、重塑和广播。本章还将介绍 NumPy 在线性代数、字符串处理和数据复制等方面的应用。

2.1 NumPy 库概述

NumPy 是一个 Python 库，用于进行科学计算和数值操作。它提供了一个强大的多维数组对象（如 ndarray），以及许多用于操作这些数组的函数。NumPy 的主要优势之一是它提供了高效的数组运算和广播功能，使得在 Python 中进行大规模数值计算变得更加高效和方便。它还提供了线性代数、傅里叶变换和随机数生成等功能。由于 NumPy 是一个开源项目，因此在科学计算领域被广泛使用，并成为许多其他 Python 科学计算库的基础。

1. 使用 NumPy 的原因

Python 的基本数据类型中没有数组类型，其提供的列表（list）类型无法满足某些数据处理需求。例如，要计算两个矩阵的乘积，使用 list 列表需要通过循环遍历两个列表才能实现；而使用 NumPy 提供的 array 数组，仅须编写一行代码就能完成矩阵乘法。

2. NumPy 库的核心功能

NumPy 库的核心功能包括：

（1）多维数组对象（ndarray）：NumPy 提供了一个强大的多维数组对象，即 ndarray，它是同类元素的多维容器，支持快速的数学运算。

（2）矢量化操作：NumPy 支持矢量化操作，即对整个数组执行相同的操作，而无须编写显式循环，这使得 NumPy 运算非常高效。

（3）广播：NumPy 的广播功能允许不同形状的数组进行算术运算，使得在不同形状的数组之间执行数学运算变得更加方便。

（4）数学函数：NumPy 提供了大量的数学函数，包括三角函数、指数函数、对数函数、统计函数等，这些函数可以直接应用于数组，支持数组级别的操作。

（5）线性代数操作：NumPy 提供了线性代数操作的功能，例如矩阵乘法、求逆、特征值分解等，这些功能对于科学计算和工程应用非常重要。

（6）随机数生成：NumPy 提供了各种分布的随机数生成函数，如均匀分布、正态分布等，用于生成随机数数组，支持模拟和统计应用。

（7）文件操作：NumPy 可以读写各种格式的文件，包括文本文件、二进制文件等，使得数据的导入和导出变得简单。

（8）集成 C/C++/Fortran 代码：NumPy 允许集成 C、C++ 和 Fortran 代码，并提供了相应的接口，使得在 NumPy 中使用高性能的外部库成为可能。

这些核心功能使得 NumPy 成为 Python 科学计算的基础库之一，并被广泛应用于数据分析、机器学习、图像处理、信号处理等领域。

3. Python 数据分析生态

NumPy 是在 1995 年的 Numeric 库的基础上开发出来的，逐渐成为数据分析方向的基础库。在 NumPy 的基础上，又发展出了 Pandas、Scikit-learn 等更多的第三方库。

NumPy 作为 Python 科学计算生态系统的核心组件，与许多其他库和工具相互关联，形成了一个庞大而丰富的生态系统。以下是 NumPy 生态系统中一些重要的组成部分：

（1）Jupyter Notebook：Jupyter Notebook 是一个交互式的计算环境，提供了一个基于 Web 的界面，可以在其中编写、运行和共享 Python 代码。它与 NumPy 密切相关，用于探索数据、进行分析和展示结果。

（2）Pandas：Pandas 是一个用于数据分析和处理的强大库，提供了 DataFrame 对象和各种数据操作和分析工具。它的数据结构和功能在很大程度上受到了 NumPy 的影响。

（3）Matplotlib：Matplotlib 是一个用于绘制图表和可视化数据的库，提供了各种绘图功能，包括折线图、散点图、柱状图等。它可以与 NumPy 数组和 Pandas DataFrame 无缝集成。

（4）SciPy：SciPy 是建立在 NumPy 之上的一个开源科学计算库，提供了更高级的数学、科学和工程计算功能，包括优化、插值、信号处理、图像处理、稀疏矩阵等。

（5）Scikit-learn：Scikit-learn 是一个用于机器学习的流行库，提供了许多机器学习算法和工具，包括分类、回归、聚类、降维等。它可以与 NumPy 数组和 SciPy 稀疏矩阵进行集成。

（6）TensorFlow 和 PyTorch：TensorFlow 和 PyTorch 是两个流行的深度学习框架，它们都支持 NumPy 数组作为输入数据，可以直接与 NumPy 进行交互。

这些库和工具共同构成了 Python 科学计算生态系统的一部分，并与 NumPy 紧密集成，使得在 Python 中进行科学计算、数据分析和机器学习变得更加方便和高效。

2.2　NumPy 数组

数组是由相同类型的元素组成的集合，是一种数据结构。

ndarray（*N*-dimensional array）是 NumPy 的核心数据结构，即 *N* 维数组对象。ndarray 由两部分构成：数据和描述这些数据的元数据，如维度、类型等。

创建 ndarray 对象的最简单方法是使用 numpy.array() 函数，通过传递一个 Python 列表或元组来创建数组，如例 2-1 所示。

示例 2-1：

```
# 创建一维数组
arr1d = np.array([1, 2, 3, 4, 5])
# 创建二维数组
arr2d = np.array([[1, 2, 3], [4, 5, 6], [7, 8, 9]])
# 创建三维数组
arr3d = np.array([[[1, 2], [3, 4]], [[5, 6], [7, 8]], [[9, 10], [11, 12]]])
print(arr1d, arr2d, arr3d)
```

[1 2 3 4 5] [[1 2 3]

```
[4 5 6]
[7 8 9]] [[[ 1  2]
 [ 3  4]]

[[ 5  6]
 [ 7  8]]

[[ 9 10]
 [11 12]]]
```

2.2.1 数组的类型

数组中的元素具有相同的类型，正因为如此，数组的运算效率才高。

在使用 np.array() 函数创建数组时，可以通过 dtype 参数指定数组类型。

常用的数组类型和范围如表 2-1 所示。

表 2-1　常用的数组类型

类型	说明
bool	布尔类型，True 或 False
int8	字节长度的整数，取值：[−128, 127]
int16	16 位长度的整数，取值：[−32 768, 32 767]
int32	32 位长度的整数，取值：$[-2^{31}, 2^{31}-1]$
int64	64 位长度的整数，取值：$[-2^{63}, 2^{63}-1]$
float16	16 位半精度浮点数：1 位符号位，5 位指数，10 位尾数
float32	32 位浮点数：1 位符号位，8 位指数，23 位尾数
float64	64 位双精度浮点数：1 位符号位，11 位指数，52 位尾数
complex64	复数类型，实部和虚部都是 32 位浮点数
complex128	复数类型，实部和虚部都是 64 位浮点数

小知识：如何查看数组类型

可以访问 ndarray 的 dtype 属性查询数组的类型，如例 2-2 所示。

示例 2-2：

```
l = [1.0,2.0,3.0]
arr = np.array(l, dtype='float32')
print(arr)
print(arr.dtype)
```

[1. 2. 3.]

float32

2.2.2 ndarray 对象的属性

ndarray 对象的主要属性如表 2-2 所示。

表 2-2　ndarray 对象的主要属性

属性名称	说明
arr.dtype	查询数组的数据类型
arr.ndim	查询数组的维度
arr.shape	查询数组的形状
arr.size	查询数组中元素的总数
arr.itemsize	查询数组中每个元素占用的字节数

小知识：如何计算 ndarray 对象占用的内存空间

两种方法：

（1）使用 itemsize 和 size 两个属性计算；

（2）使用 sys.getsizeof() 方法。

注意：ndarray 对象本身的元数据（例如属性值）也占用空间，第一种方式不能获取属性值等占用的空间。

2.2.3 创建数组

NumPy 提供了多种方式来创建 ndarray 数组。以下是其中一些常用的方式。

（1）使用 numpy.array() 函数：通过传递 Python 列表或元组来创建数组。

（2）使用 numpy.zeros() 函数：创建指定形状的数组，并用零填充。

（3）使用 numpy.ones() 函数：创建指定形状的数组，并用 1 填充。

（4）使用 numpy.full() 函数：创建指定形状的数组，并用指定值填充。

（5）使用 numpy.arange() 函数：创建等差数组，类似于 Python 内置的 range() 函数。

（6）使用 numpy.linspace() 函数：创建等间隔的数组。

（7）使用随机数函数：NumPy 提供了多种随机数生成函数，如 numpy.random.rand()、numpy.random.randn() 等，用于创建随机数数组。

2.2.4 数组类型转换

在 NumPy 中，可以使用多种方法进行 ndarray 数组类型转换。

（1）使用 ndarray 对象的 astype() 方法：astype() 方法用于将数组的数据类型转换为指定的数据类型。

注意：这种转换是类型不安全的，意味着如果将浮点数转换为整数，小数部分将会永久丢失。

示例 2-3：

```
# 创建一个整数数组
arr_int = np.array([1, 2, 3, 4, 5])
# 将整数数组转换为浮点数数组
arr_float = arr_int.astype(float)
print(arr_int.dtype, arr_float.dtype)
```

int64 float64

（2）直接使用 numpy.ndarray.astype() 方法。

示例 2-4：

```
arr_int = np.array([1, 2, 3, 4, 5])
arr_float = np.ndarray.astype(arr_int, float)
print(arr_int.dtype, arr_float.dtype)
```

int64 float64

（3）使用 numpy.ndarray.view() 方法：view() 方法可以创建一个具有相同数据但具有不同数据类型的新数组。

示例 2-5：

```
arr_int = np.array([1, 2, 3, 4, 5])
# 将整数数组视图转换为浮点数数组视图
arr_float_view = arr_int.view(float)
print(arr_float_view)
```

[4.9e-324 9.9e-324 1.5e-323 2.0e-323 2.5e-323]

（4）使用 numpy.ndarray.tolist() 方法：可以将数组转换为 Python 列表，并在转换过程中指定所需的数据类型。

示例 2-6：

```
arr_float = np.array([1.0, 2.0, 3.0, 4.0, 5.0])
# 将浮点数数组转换为整数列表
arr_int_list = arr_float.tolist()
arr_int_list
```

[1.0, 2.0, 3.0, 4.0, 5.0]

（5）使用 numpy.ndarray.astype() 方法的 copy 参数：可以在转换数组类型时创建数组的副本，而不改变原始数组。

示例 2-7：

```
arr_int = np.array([1, 2, 3, 4, 5])
# 创建整数数组的副本，并转换为浮点数数组
arr_float = arr_int.astype(float, copy=True)
```

（6）使用 numpy.ndarray.astype() 方法的 casting 参数：可以控制类型转换时的行为，包括是否允许溢出和截断等。

示例 2-8：

```
arr_float = np.array([1.5, 2.7, 3.8])
```

```
# 将浮点数数组转换为整数数组，如果存在小数部分则将其截断
arr_int = arr_float.astype(int, casting= ‘unsafe’ )
```

（7）将 ndarray 转换成列表：如果想将数组还原为 Python 的 list 列表类型，可以使用 ndarray 的 tolist 方法。

示例 2-9：

```
arr10 = np.array([1,2,3,4,5])
l = arr10.tolist()
print(l)
print(type(l))
```

[1, 2, 3, 4, 5]
<class ‘list’ >

（8）ndarray 字符串类型，可以通过列表创建字符串数组。

示例 2-10：

```
arr_str = np.array([ “你好” ,“广东” ,“GDUFE” ])
print(type(arr_str))
```

<class ‘numpy.ndarray’ >

2.3 数组操作

ndarray 数组支持许多操作，包括数学运算、形状操作、索引和切片、数组连接、数组分割等。

2.3.1 数学运算

1. 基本的数学运算

ndarray 数组支持常见的数学运算，如加法、减法、乘法、除法等，可以对数组进行逐元素运算。

加法、减法、乘法、除法如例 2-11 所示。

示例 2-11：

```
arr1 = np.array([1, 2, 3])
arr2 = np.array([4, 5, 6])
# 加法
result_add = arr1 + arr2  # 输出 : [5 7 9]
# 减法
result_sub = arr1 - arr2  # 输出 : [-3 -3 -3]
# 乘法
result_mul = arr1 * arr2  # 输出 : [4 10 18]
# 除法
result_div = arr2 / arr1  # 输出 : [4.  2.5 2.]
print(result_add, result_sub, result_mul, result_div)
```

[5 7 9] [-3 -3 -3] [4 10 18] [4. 2.5 2.]

2. 线性代数运算

矩阵乘法如例 2-12 所示。

示例 2-12：

```
A = np.array([[1, 2], [3, 4]])
B = np.array([[5, 6], [7, 8]])
dot_product_result = np.dot(A, B)  # 矩阵乘法
print(A, B, dot_product_result)
```

[[1 2]
 [3 4]] [[5 6]
 [7 8]] [[19 22]
 [43 50]]

3. 统计计算

均值、中位数、方差、标准差如例 2-13 所示。

示例 2-13：

```
a = np.array([1, 2, 3, 4, 5])
mean_result = np.mean(a) # 均值
median_result = np.median(a) # 中位数
var_result = np.var(a) # 方差
std_result = np.std(a) # 标准差
print(mean_result, median_result, var_result, std_result)
```

3.0 3.0 2.0 1.4142135623730951

2.3.2 元素运算

NumPy 提供了许多元素级运算功能，也称为逐元素运算，支持在数组的每个元素上执行各种数学运算和操作。

1. 基本的算术运算

（1）加法：np.add()。

（2）减法：np.subtract()。

（3）乘法：np.multiply()。

（4）除法：np.divide()。

（5）取负：np.negative()。

2. 指数和对数运算

（1）指数运算：np.exp()。

（2）对数运算：np.log()。

3. 三角函数

（1）正弦函数：np.sin()。

（2）余弦函数：np.cos()。

（3）正切函数：np.tan()。

（4）反正弦函数：np.arcsin()。

（5）反余弦函数：np.arccos()。

（6）反正切函数：np.arctan()。

4. 绝对值、平方、开方

（1）取绝对值：np.abs()。

（2）平方：np.square()。

（3）开方：np.sqrt()。

表 2-3 显示了 NumPy 常用运算函数。

表 2-3　NumPy 常用运算函数

函数名	说明	函数名	说明
abs	计算绝对值	divide	对数组元素进行除法运算
fabs	计算浮点数的绝对值	floor_divide	执行整数除法（向下取整）
sqrt	返回数组元素的非负平方根	power	计算数组元素的幂
square	返回数组元素的平方	maximum	返回数组元素的逐元素最大值
exp	计算数组中所有元素的指数	fmax	返回数组元素的逐元素最大值，忽略 NaN
log	计算自然对数	minimum	返回数组元素的逐元素最小值
rint	将数组元素四舍五入到最接近的整数	fmin	返回数组元素的逐元素最小值，忽略 NaN
ceil	返回大于或等于输入的最小整数（向上取整）	mod	返回除法的余数
floor	返回小于或等于输入的最大整数（向下取整）	copysign	将第一个参数的值赋予第二个参数的符号
isnan	检查数组元素是否为 NaN，返回布尔数组	greater	返回 x1>x2 的逐元素比较结果
cos	计算余弦值	greater_equal	返回 x1>=x2 的逐元素比较结果
sin	计算正弦值	less	返回 x1<x2 的逐元素比较结果
arctanh	计算反双曲正切函数	less_equal	返回 x1<=x2 的逐元素比较结果
add	对数组元素进行加法运算	equal	返回 x1==x2 的逐元素比较结果
subtract	对数组元素进行减法运算	not_equal	返回 x1!=x2 的逐元素比较结果
multiply	对数组元素进行乘法运算		

小知识：out 参数

通常运算函数中会用到一个参数 out，作用是指定计算结果存储的位置，帮助我们在处理大规模数据时，减少数据占用的内存空间。

以 add 函数为例，如例 2-14 所示。

示例 2-14：

```
a = np.array([1,2,3,4,5])
b = np.array([1,2,3,4,5])
c = np.arange(5)
print(c)
np.add(a, b, out=c)
print(c)
```

```
[0 1 2 3 4]
[ 2  4  6  8 10]
```

注意：out 参数表示结果存储的位置。如果指定了 out 参数，它必须具有广播到输入数组形状的适当形状。

2.3.3 逻辑运算

NumPy 库中提供了一些逻辑运算函数，用于对数组进行逻辑运算。在 NumPy 中，不能直接使用像 and 或 or 这样的逻辑运算符，而需要使用类似 np.logical_and() 这样的函数来执行与或运算。

逻辑矢量运算最常见的用法是将结果作为布尔索引来提取所需的元素。

（1）np.logical_and()：逻辑与运算。

（2）np.logical_or()：逻辑或运算。

（3）np.logical_not()：逻辑非运算。

（4）np.logical_xor()：逻辑异或运算。

1. numpy.logical_and() 函数

逐元素地进行逻辑与运算，如例 2-15 所示。

示例 2-15：

```
a = np.array([True, True, False, False])
b = np.array([True, False, True, False])
result = np.logical_and(a, b)
```

```
print(result)
```

[True False False False]

2. numpy.logical_or() 函数

逐元素地进行逻辑或运算，如例 2-16 所示。

示例 2-16：

```
a = np.array([True, True, False, False])
b = np.array([True, False, True, False])
result = np.logical_or(a, b)
```

3. numpy.logical_not() 函数

逐元素地进行逻辑非运算，如例 2-17 所示。

示例 2-17：

```
a = np.array([True, False, False, True])
result = np.logical_not(a)
```

4. numpy.logical_xor() 函数

逐元素地进行逻辑异或运算，如例 2-18 所示。

示例 2-18：

```
a = np.array([True, True, False, False])
b = np.array([True, False, True, False])
result = np.logical_xor(a, b)
```

在 NumPy 中，还可以使用 numpy.where() 函数执行三元逻辑运算。numpy.where() 函数根据指定的条件返回输入数组中满足条件的元素或替换不满足条件的元素。它的一般形式如下：

$$numpy.where(condition, x, y)$$

其中，condition 是一个表示条件的布尔型数组；x 是满足条件的元素所在的数组；y 是不满足条件的元素所在的数组。

如果 condition 中的元素为 True，则返回 x 中对应位置的元素；如果 condition

中的元素为 False，则返回 y 中对应位置的元素，如例 2-19 所示。

示例 2-19：

```
# 创建两个数组
a = np.array([1, 2, 3, 4, 5])
b = np.array([10, 20, 30, 40, 50])
# 创建一个条件数组
condition = np.array([True, False, True, False, True])
# 根据条件选择元素
result = np.where(condition, a, b)
print(result)
```

[1 20 3 40 5]

2.4 索引切片

当使用 NumPy 操作数组时，索引和切片是非常常见和重要的操作，可以用来访问和操作数组中的元素。

2.4.1 一维数组索引切片

1. 单一元素索引

NumPy 中通过索引号来访问数组元素，和 Python 的列表索引使用起来基本类似，同样分为正索引和负索引，分别从 0 开始和 -1 开始，如例 2-20 所示。

示例 2-20：

```
a = np.array(list(range(1,6)))
print(a[0])
print(a[-1])
```

1

5

2. 多个元素索引

在 NumPy 中，与 Python 列表索引的一个显著不同之处是，ndarray 支持同时索引多个元素。例如，可以使用列表或数组来指定要索引的多个位置，如 arr[[1, 3, 5]]，这将同时返回数组中索引为 1、3 和 5 位置的元素，如例 2-21 所示。

示例 2-21：

```
print(a[[0, 2, 4]])
```

[1 3 5]

3. 布尔索引

布尔索引就是将一个与数组相同维度的布尔数组当作索引值传入要索引的数组，就能返回原数组中布尔为真的下标的值，如例 2-22 所示。

示例 2-22：

```
b = [True, False, True, False, True]
print(a[b])
```

[1 3 5]

4. 数组切片

与 Python 列表等数据类型操作类似，NumPy 可以对数组进行切片操作，如例 2-23 所示。

示例 2-23：

```
a = np.arange(10)
print(a)
print(a[1:4])
print(a[0:6:2])
```

[0 1 2 3 4 5 6 7 8 9]

[1 2 3]

[0 2 4]

2.4.2 多维数组的维度、轴与秩

在 NumPy 中，维度通常被称为轴（axis）。一个数组的轴的数量被称为秩（rank），例如：

（1）一维数组有一个轴，编号为 0；

（2）二维数组有两个轴，分别编号为 0 和 1；

（3）三维数组有三个轴，编号分别为 0、1 和 2；

表 2-4 详细表达了 NumPy 中多维数组的维度、轴、秩、形状的区别。

表 2-4　NumPy 中多维数组的维度、轴、秩、形状

名词	描述
维度（dimension）	数组中的一个轴，例如一维数组有一个维度，二维数组有两个维度，以此类推
轴（axis）	描述数组特定维度的方向，每个轴有一个编号，从 0 开始。例如，二维数组有 0 轴（行轴）和 1 轴（列轴）
秩（rank）	数组的维度数，或者说是数组的轴数，例如，一个二维数组的秩为 2，一个一维数组的秩为 1，一个三维数组的秩为 3
形状（shape）	表示数组在每个轴上大小的元组；例如，形状 (3,) 表示一个包含 3 个元素的一维数组；形状 (2, 3) 表示一个包含 2 行 3 列的二维数组

2.4.3 多维数组索引切片

1. 多维数组切片

在 NumPy 中，多维数组的切片操作允许同时在多个维度上进行，这样可以轻松获取数组的部分区域或者特定的行、列等子集。例如：

（1）使用 arr[0:2, 0:5] 可以获取一个二维数组中的部分区域（矩阵），这里表示获取第 0 到第 1 行（0:2）和第 0 到第 4 列（0:5）的元素；

（2）使用 arr[:, 2] 可以获取二维数组中的某一列数据，这里的“:”表示取所有行，然后索引为 2 表示取第 2 列的所有元素。

这些切片操作使得在处理多维数组时能够方便地选择和操作数组的子集，是 NumPy 数组操作中常用的功能之一。

2. 多维数组索引

在 NumPy 中，对于多维数组，可以使用两种方式访问单个数组元素。

（1）连续索引方式：使用一个索引元组访问数组元素，例如 arr[0, 2]，其中，0 是第一个轴（行）的索引，2 是第二个轴（列）的索引。这种方式效率更高，推荐在实际使用中使用。

（2）连续的分离索引方式：使用多个索引操作符连续访问数组元素，例如 arr[0][2]。这种方式在语法上更接近于 Python 列表的索引方式，但是每个索引操作都会创建一个中间结果数组，可能会影响性能，特别是在处理大数组时。

这两种方式本质上是等价的，但第一种方式更为高效和推荐。

（3）多维布尔索引：与一维布尔索引类似，多维布尔索引允许通过布尔数组来选择数组中的元素。布尔数组必须与被索引数组的形状相同，且对应位置为 True 的元素会被选中，而 False 的则不会。

2.5　数组重塑

在 NumPy 中，使用 numpy.reshape() 函数可以重新塑造（reshape）数组。该函数接受原始数组和一个新的形状作为参数，并返回具有新形状的数组。重塑操作必须满足两个条件：

（1）新形状与原始数组的形状兼容，即它们的元素总数相同；

（2）新形状的轴长度（维度）的乘积必须等于原始数组的元素总数。

如果无法满足这些条件，numpy.reshape() 函数将会引发错误。需要注意的是，reshape 操作并不会改变数组的元素顺序，只是重新组织它们的布局。

在进行数组重塑时，需要确保新形状的总元素数量与原始数组相同，否则会引发错误。这是因为重塑操作只是重新排列数组中的元素，而不会增加或减少元素的数量。如果新形状无法满足这一要求，NumPy 会抛出一个 ValueError 错误。

需要注意的是，重塑操作只是改变数组元素的布局方式，不会影响元素本身的值或顺序。这意味着原始数组和重塑后的数组共享相同的数据存储，只是以不同的形状进行访问和操作。

2.6 排序搜索

2.6.1 排序

NumPy 提供了两种用于排序的方法。

1. numpy.sort() 函数

（1）numpy.sort() 函数返回输入数组的排序副本。默认情况下，排序是按照最后一个轴 (axis=-1) 进行排序，但也可以通过 axis 参数指定排序的轴。

（2）使用 numpy.sort() 函数不会修改原始数组，而是返回一个已排序的副本。

2. ndarray.sort() 方法

（1）ndarray.sort() 方法对数组进行原地排序，即直接修改数组本身而不返回副本。

（2）使用 ndarray.sort() 方法会改变原始数组的顺序，而不是创建一个新的已排序副本。

3. 一维数组

对于一维数组，不用考虑排序所在的维度（轴），如例 2-24 所示。

示例 2-24：

```
a = np.array([1,3,5,2,4])
b = np.array([1,3,5,2,4])
a.sort()
print(a)
c = np.sort(b)
print(b)
print(c)
```

[1 2 3 4 5]

[1 3 5 2 4]

[1 2 3 4 5]

注意：np.sort() 不改变原有数组，通过返回值接收排序结果；ndarray.sort() 改变原值。

4. 多维数组

多维数组存在多个轴，因此排序时需要考虑排序所在的轴。

多维数组的排序同样也使用 np.sort() 函数和 ndarray.sort() 方法，不同的是在调用排序函数时，需要指定维度参数，即设置 axis 参数为想要排序的那个维度。

2.6.2 搜索

1. np.where 函数用于搜索

在 NumPy 中，np.where() 函数主要用于根据给定的条件返回满足条件的元素的索引位置。例如，如果要搜索数组 *a* 中所有值为 1 的元素的索引位置，可以使用：

indices = np.where(*a* == 1)

这将返回一个包含满足条件的元素索引的元组。如果 *a* 是一维数组，则 indices 是一个包含索引值的一维数组；如果 *a* 是多维数组，则 indices 是一个元组，其中每个元素都是对应维度上满足条件的索引数组。

2. np.searchsorted 函数

np.searchsorted() 函数是 NumPy 中用于在有序数组中查找指定元素的位置的函数。它返回的是一个索引值，该值表示如果要将指定的元素插入到数组中，应该插入的位置。函数用法：

numpy.searchsorted(a, v, side=‘left’, sorter=None)

参数如下：

a 为必需要进行查找的有序数组。

v 为必需要查找其位置的值或数组。

side 为可选参数，默认为‘left’。指定查找的位置，‘left’返回第一个满足条件的位置索引，‘right’返回最后一个满足条件的位置索引。

sorter 为可选参数，用于指定排序器。如果提供了排序器，则在进行搜索之前会对数组 *a* 进行排序。

注意：searchsorted 函数并不适用于多维情况。

第3章　Pandas基础

本章将全面介绍 Python 数据分析库 Pandas 的基础知识，包括 Pandas 的基本概念，Series 对象的创建、索引、属性和方法，DataFrame 对象的创建、操作、运算、排序及类型转换等内容，还会讲解 Pandas 缺失值处理方法以及应用与映射函数的使用。通过本章学习，读者将掌握 Pandas 库的基础知识和基本操作。

3.1　Pandas 概述

Pandas 是 Python 的一个扩展库，也是一个开源库。它建立在 NumPy 基础上，用于数据分析和数据处理，提供高性能、易于使用的数据结构和数据分析工具。Pandas 的名称来源于面板数据（panel data）和 Python 数据分析（data analysis）的结合。

Pandas 最初被作为金融数据分析工具而开发出来，因此为时间序列分析提供了很好的支持。Pandas 可以从各种文件格式如 CSV、JSON、excel 等格式文件中等导入数据，并可以对各种数据进行运算、数据清洗和数据加工等操作。Pandas 提供了大量方便使用的函数和方法，涵盖了数据的读取、处理、清洗、分析、统计和可视化等各个环节。以下是一些常用的功能。

（1）数据导入和导出：Pandas 可以读取和写入多种数据格式，如 CSV、Excel、SQL 数据库、JSON 等。

（2）数据清洗和处理：Pandas 提供了丰富的数据处理功能，如缺失值处理、重复值处理、数据类型转换、数据筛选、合并、拆分等。

（3）数据分析和统计：Pandas 提供了统计分析函数，如描述性统计、相关系数计算、分组统计等。

（4）时间序列处理：Pandas 对于时间序列数据有着很好的支持，可以进行时间索引、时间重采样、移动窗口统计等操作。

（5）数据可视化：虽然 Pandas 本身并不是专门用于数据可视化的库，但它可以与 Matplotlib、Seaborn 等库配合使用，方便进行数据可视化分析。

Pandas 提供了高效且灵活的数据结构，Pandas 主要采用两种数据结构：Series 和 DataFrame。

Series 是一种一维的数组类型，与 Python 中的列表（list）类似，但是不同的是 Series 拥有自动对齐的数据标签功能，可以对数据进行快速的访问和计算。

（1）Series 是一维数组结构，可以存储不同类型的数据（整数、浮点数、字符串等）。

（2）每个元素都有一个索引，通过索引可以访问和操作数据。

（3）可以使用类似于字典的语法创建 Series，也可以通过传递列表、数组等数据结构创建。

DataFrame 是一种二维的数据结构，可以被看作是由多个 Series 组成的字典。它既有行索引（row index），也有列索引（column index），类似于 Excel 中的表格。DataFrame 是 pandas 中最常用的数据结构。

（1）DataFrame 是一个二维的表格型数据结构，类似于电子表格或 SQL 表。

（2）每列可以是不同的数据类型（整数、浮点数、字符串等），每个列都有一个列名。

（3）DataFrame 既有行索引，也有列索引，可以通过索引访问数据。

直观地看：Series 可以看成是一个表中的行或者列，而 Dataframe 可以看成是表。

3.2　Series 概述

Pandas 中的 Series 是一种一维数组对象，可以存储任意数据类型。Series 是基于 NumPy 数组构建的，具有高性能的数据操作和计算能力，同时还提供自动数据对齐和缺失数据处理等便利功能。

3.2.1 创建 Series

在 Pandas 中，创建 Series 的方法有多种，可以从列表、数组、字典等数据结构中创建。

1. 从列表创建

示例 3-1：

```
import pandas as pd


data_list = [1, 2, 3, 4, 5]
s = pd.Series(data_list)
print(s)
```

```
0    1
1    2
2    3
3    4
4    5
dtype: int64
```

2. 从 NumPy 数组创建

示例 3-2：

```
import numpy as np


data_array = np.array([1, 2, 3, 4, 5])
s = pd.Series(data_array)
print(s)
```

```
0    1
1    2
2    3
3    4
4    5
dtype: int64
```

3. 从字典创建

示例 3-3：

```
data_dict = { ‘a’ : 1, ‘b’ : 2, ‘c’ : 3, ‘d’ : 4, ‘e’ : 5}
s = pd.Series(data_dict)
print(s)
```

```
a    1
b    2
c    3
d    4
e    5
dtype: int64
```

4. 指定索引创建

示例 3-4：

```
data_list = [1, 2, 3, 4, 5]
index_list = [ ‘A’ , ‘B’ , ‘C’ , ‘D’ , ‘E’ ]
s = pd.Series(data_list, index=index_list)
print(s)
```

```
A    1
B    2
C    3
D    4
E    5
dtype: int64
```

3.2.2 Series 索引

Series 的索引（index）是一个非常重要的概念，为 Series 中的每个元素提供了一个标识符。索引可以是整数、字符串、日期等类型，索引提供了一种标签化的方式来访问 Series 的元素。

注意：标签是指采用非整数形式的索引。

索引类型包括以下几种。

（1）整数索引：默认情况下，如果不指定索引，Series 的索引将是从 0 开始的整数序列。

（2）自定义索引：可以手动指定索引，使其成为任意类型的标签。

（3）标签索引：索引可以是字符串、日期、时间等类型，用于更直观地标识数据。

1. 默认的整数索引

示例 3-5：

```
s = pd.Series([1, 2, 3, 4])
print(s)
```

```
0    1
1    2
2    3
3    4
dtype: int64
```

2. 创建 Series 时指定索引

示例 3-6：

```
# 通过列表创建 Series，并指定索引
data = [10, 20, 30, 40, 50]
index = [‘A’,‘B’,‘C’,‘D’,‘E’]
s = pd.Series(data, index=index)
print(s)
```

```
A    10
B    20
C    30
D    40
```

```
E    50
dtype: int64
```

3. 利用索引访问 Series 数据

示例 3-7：

```
# 使用索引访问单个元素
print(s['A'])
# 使用切片访问多个元素
print(s['B':'D'])
# 使用整数索引访问
print(s[0])
```

```
10
B    20
C    30
D    40
dtype: int64
10
```

4. 索引赋值

示例 3-8：

```
s['e'] = 5  # 添加新索引
print(s)
```

```
A    10
B    20
C    30
D    40
E    50
e     5
dtype: int64
```

5. 修改索引

示例 3-9：

```
s.index = [ 'F' , 'G' , 'H' , 'I' , 'J' , 'K' ]
print(s)
```

F　10

G　20

H　30

I　40

J　50

K　5

dtype: int64

6. 使用条件进行数据筛选

示例 3-10：

```
print(s[s > 20])
```

H　30

I　40

J　50

dtype: int64

7. 检查索引是否存在

示例 3-11：

```
print( 'F' in s)
print( 'K' in s)
```

True

True

3.2.3 Series 的 loc 和 iloc 属性

Pandas Series 的 loc 和 iloc 是两个重要的属性，用于基于标签和位置进行索引。利用这两个属性可以选择和访问 Series 中的特定元素、切片或行。下面是它们的详细介绍和示例。

1. loc 属性

loc 属性用于基于标签进行索引。通过指定行标签或列标签来访问 Series 中的元素。

语法：series.loc[label] 或 series.loc[start_label:end_label:step]

示例 3-12：

```
# 创建一个 Series
data = { 'A' : 10, 'B' : 20, 'C' : 30, 'D' : 40, 'E' : 50}
s = pd.Series(data)
# 使用 loc 属性基于标签进行索引
print(s.loc[ 'A' ])  # 访问标签为 'A' 的元素
print(s.loc[ 'B' : 'D' ]) # 访问标签从 'B' 到 'D' 的元素（包括 'B' 和 'D'）
```

```
10
B    20
C    30
D    40
dtype: int64
```

2. iloc 属性

iloc 属性用于基于位置进行索引。通过指定元素的位置来访问 Series 中的元素。

语法：series.iloc[position] 或 series.iloc[start_position:end_position:step]

示例 3-13：

```
# 创建一个 Series
data = { 'A' : 10, 'B' : 20, 'C' : 30, 'D' : 40, 'E' : 50}
s = pd.Series(data)
# 使用 iloc 属性基于位置进行索引
print(s.iloc[0])  # 访问位置为 0 的元素
print(s.iloc[1:3]) # 访问位置从 1 到 2 的元素（不包括位置为 3 的元素）
```

10
B   20
C   30
dtype: int64

注意：

（1）使用 loc 时，范围是包含指定的标签的，而使用 iloc 时，范围是根据位置索引的（类似于 Python 中的切片操作，不包括结束的索引位置）。

（2）loc 和 iloc 都可以用于选择单个元素、切片和布尔索引等操作。

（3）如果想根据显式索引标签（字符串）来选取数据，使用 loc；如果想根据整数位置来选取数据，使用 iloc。

（4）两者都可以使用掩码（布尔索引）来选取数据。

3.2.4. Series 运算

1. 算术运算

示例 3-14：

```
# 创建两个 Series
s1 = pd.Series([1, 2, 3, 4, 5])
s2 = pd.Series([10, 20, 30, 40, 50])
# 加法
print(s1 + s2)
# 减法
print(s1 - s2)
# 乘法
print(s1 * s2)
# 除法
print(s1 / s2)
```

0   11
1   22

```
2    33
3    44
4    55
dtype: int64
0    -9
1   -18
2   -27
3   -36
4   -45
dtype: int64
0     10
1     40
2     90
3    160
4    250
dtype: int64
0    0.1
1    0.1
2    0.1
3    0.1
4    0.1
dtype: float64
```

2. 逻辑运算

示例 3-15：

```
# 创建一个 Series
s = pd.Series([1, 2, 3, 4, 5])
# 大于
print(s > 2)
```

```
# 小于
print(s < 4)
# 等于
print(s == 3)
# 逻辑与
print((s > 2) & (s < 4))
# 逻辑或
print((s < 2) | (s > 4))
# 逻辑非
print(~(s == 3))
```

```
0    False
1    False
2     True
3     True
4     True
dtype: bool
0     True
1     True
2     True
3    False
4    False
dtype: bool
0    False
1    False
2     True
3    False
4    False
dtype: bool
0    False
```

```
1    False
2     True
3    False
4    False
dtype: bool
0     True
1    False
2    False
3    False
4     True
dtype: bool
0     True
1     True
2    False
3     True
4     True
dtype: bool
```

3. 基本统计运算

示例 3-16：

```
# 创建一个 Series
s = pd.Series([1, 2, 3, 4, 5])
# 求和
print(s.sum())
# 平均值
print(s.mean())
# 最大值
print(s.max())
# 最小值
```

```
print(s.min())
```

15

3.0

5

1

4. 平方、平方根、指数、对数

示例 3-17：

```
# 创建一个 Series
s = pd.Series([1, 2, 3, 4, 5])
# 平方
print(s ** 2)
# 平方根
print(s ** 0.5)
# 指数
print(s ** 3)
# 对数
print(pd.Series([10, 100, 1000]).apply(np.log))
```

0　1

1　4

2　9

3　16

4　25

dtype: int64

0　1.000000

1　1.414214

2　1.732051

3　2.000000

4　2.236068

```
dtype: float64
0      1
1      8
2     27
3     64
4    125
dtype: int64
0    2.302585
1    4.605170
2    6.907755
dtype: float64
```

5. 聚合统计

示例 3-18：

```
s = pd.Series([1, 2, 3, 4, np.nan])
# 求和
print(s.sum()) # 输出：10.0
# 计数
print(s.count()) # 输出：4
# 最大 / 最小值
print(s.max()) # 输出：4.0
print(s.min()) # 输出：1.0
# 平均值
print(s.mean()) # 输出：2.5
```

```
10.0
4
4.0
1.0
2.5
```

6. 广播机制

示例 3-19：

```
s = pd.Series([1, 2, 3, 4])
scalar = 5
# 广播加法
print(s + scalar)
```

```
0    6
1    7
2    8
3    9
dtype: int64
```

7. 应用函数

示例 3-20：

```
s = pd.Series([1, 2, 3, 4])
# numpy 函数
print(np.square(s))
# 自定义 lambda 函数
print(s.apply(lambda x: x**2))
```

```
0     1
1     4
2     9
3    16
dtype: int64
0     1
1     4
2     9
3    16
dtype: int64
```

3.2.5 Series 的常用属性

Series 的常用属性如表 3-1 所示。

表 3-1 Series 常用属性

属性	含义
ndim	返回 Series 的维度信息
shape	返回 Series 的形状大小
size	返回 Series 中的元素数量
name	返回或设置 Series 的名称
dtype	返回 Series 中数据的数据类型
index	返回或设置 Series 中的索引部分
values	返回 Series 中的数据部分，通常是一个 NumPy 数组

示例：

1. ndim、size、shape

示例 3-21：

```
s = pd.Series([1, 2, 3, 4])
# 维度
print(s.ndim)
# 元素数量
print(s.size)
# 形状
print(s.shape)
```

```
1
4
(4,)
```

2. name、dtype

示例 3-22：

```
data = { ‘A’ : 10, ‘B’ : 20, ‘C’ : 30, ‘D’ : 40, ‘E’ : 50}
s = pd.Series(data, name= ‘MySeries’ )
print(s.name)
```

```
print(s.dtype)
s = pd.Series([ 'a' , 'b' , 'c' ])
print(s.dtype)
```

MySeries

int64

object

3. index: 返回 Series 中的索引部分

示例 3-23：

```
data = { 'A' : 10, 'B' : 20, 'C' : 30, 'D' : 40, 'E' : 50}
s = pd.Series(data)
print(s.index)
```

Index(['A' , 'B' , 'C' , 'D' , 'E'], dtype= 'object')

4. values: 返回 Series 中的数据部分

示例 3-24：

```
data = { 'A' : 10, 'B' : 20, 'C' : 30, 'D' : 40, 'E' : 50}
s = pd.Series(data)
print(s.values)
```

[10 20 30 40 50]

3.3 DataFrame 概述

DataFrame 也是 Pandas 中最重要的数据结构，类似于电子表格或数据库中的表，是一个二维的、大小可变的数据结构，可以存储不同类型的数据（整数、浮点数、字符串等）。

（1）DataFrame 是一个二维数据结构，由行和列组成，行和列都有标签（索引），每一列可以是不同的数据类型。

（2）DataFrame 的大小可以根据需要进行修改，可以添加或删除行、列。

（3）DataFrame 既有行索引（axis 0），也有列索引（axis 1），可以通过索引访问和操作数据。

（4）DataFrame 可以存储整数、浮点数、字符串、Python 对象等不同类型的数据。

此外，DataFrame 还具有以下功能特点。

（1）索引功能：

① 可用整数和标签两种形式进行索引和选择数据；

② 支持自动对齐不同索引的数据操作。

（2）支持算术运算、广播等。

（3）集成了处理丢失数据的方法：

① 检测丢失数据；

② 删除丢失数据；

③ 替换丢失数据。

（4）读取和写入数据的工具。

（5）集成时间序列功能。

Series 和 DataFrame：

（1）Series 类似于 Excel 中的一行或一列数据，DataFrame 类似于 sheet；

（2）DataFrame 与 Series 形成 Pandas 的二级结构，可以被看作由一个或多个 Series 组成的字典。

3.3.1 DataFrame 的创建

1. 从列表或 Numpy 数组创建

示例 3-24：

```
# 从列表创建
data = [[ 'Alex' ,10],[ 'Bob' ,12],[ 'Clarke' ,13]]
df = pd.DataFrame(data, columns=[ 'Name' , 'Age' ])
print(df)
# 从 Numpy 数组创建
```

```
import numpy as np
data = np.array([[1, 2, 3], [4, 5, 6]])
df = pd.DataFrame(data)
print(df)
```

```
   Name  Age
0   Alex  10
1    Bob  12
2  Clarke  13
  0  1  2
0  1  2  3
1  4  5  6
```

2. 从字典创建

示例 3-25：

```
data = { 'Name' :[ 'Alex' , 'Bob' , 'Clarke' ], 'Age' :[10,12,13]}
df = pd.DataFrame(data)
print(df)
```

```
   Name  Age
0   Alex  10
1    Bob  12
2  Clarke  13
```

3. 从 Series 对象字典创建

示例 3-26：

```
d = { 'one' : pd.Series([1, 2, 3], index=[ 'a' , 'b' , 'c' ]),
   'two' : pd.Series([10, 20, 30, 40], index=[ 'a' , 'b' , 'c' , 'd' ])}
df = pd.DataFrame(d)
print(df)
```

```
  one  two
a  1.0  10
```

```
b 2.0  20
c 3.0  30
d NaN  40
```

4. 从其他 DataFrame 创建

示例 3-27：

```
d = { 'one' : pd.Series([1, 2, 3], index=[ 'a' , 'b' , 'c' ]),
    'two' : pd.Series([1, 2, 3, 4], index=[ 'a' , 'b' , 'c' , 'd' ])}
df1 = pd.DataFrame(d)
df2 = pd.DataFrame(df1, index = [ 'd' , 'b' , 'a' ])
print(df2)
```

```
  one  two
d NaN   4
b 2.0   2
a 1.0   1
```

5. 从列表字典或列表元组创建

示例 3-28：

```
# 列表字典
data = [{ 'a' : 1, 'b' : 2}, { 'a' : 5, 'b' : 10, 'c' : 20}]
df = pd.DataFrame(data)
print(df)
# 列表元组
data = [( 'Alex' , 10), ( 'Bob' , 12), ( 'Clarke' , 13)]
df = pd.DataFrame(data, columns=[ 'Name' , 'Age' ])
print(df)
```

```
  a  b   c
0 1  2  NaN
1 5 10 20.0
```

```
   Name  Age
0   Alex   10
1    Bob   12
2  Clarke   13
```

6. 读取文件创建

示例 3-29：

```
df = pd.read_csv( 'scientists.csv' )
print( df.head() )
```

```
                Name        Born        Died  Age    Occupation
0     Rosaline Franklin  1920-07-25  1958-04-16   37       Chemist
1        William Gosset  1876-06-13  1937-10-16   61  Statistician
2  Florence Nightingale  1820-05-12  1910-08-13   90         Nurse
3           Marie Curie  1867-11-07  1934-07-04   66       Chemist
4         Rachel Carson  1907-05-27  1964-04-14   56     Biologist
```

3.3.2 DataFrame 的常用属性

DataFrame 的属性大部分于 Series 类似，下面介绍一些常用属性。

1. shape、ndim、size

返回 DataFrame 的形状，维度、元素总数。

示例 3-30：

```
data = { 'A' : [1, 2, 3], 'B' : [4, 5, 6], 'C' : [ 'a' , 'b' , 'c' ]}
df = pd.DataFrame(data)
print(df.shape)
print(df.ndim )
print(df.size)
```

```
(3, 3)
2
9
```

2. index

返回 DataFrame 的行索引。

示例 3-31：

```
print(df.index)
```

RangeIndex(start=0, stop=3, step=1)

索引对象 index 的方法如表 3-3 所示。

表 3-3 索引对象 Index 的方法

方法	含义
append	连接另一个 Index，形成新的 Index
difference	计算两个 Index 的差集，生成新的 Index
intersection	计算两个 Index 的交集，生成新的 Index
union	计算两个 Index 的并集，生成新的 Index
delete	删除 Index 中指定位置的元素，形成新的 Index
insert	在 Index 中指定位置插入新的元素
is_unique	判断 Index 是否唯一，即是否没有重复
unique	返回 Index 中的唯一值数组

例如：

```
# 示例代码
df.index.append(pd.Index([ ‘g’ ])) # 在 df 的索引末尾添加新的索引 ‘g’
df.index.difference(pd.Index([ ‘b’ , ‘d’ ])) # 返回 df 索引中不包含 ‘b’ 和 ‘d’
的新索引
df.index.delete(2) # 删除索引中位置为 2 的元素，形成新的索引
df.index.insert(2, ‘f’ ) # 在索引位置 2 处插入新的索引 ‘f’
df.index.is_unique  # 检查索引是否唯一
df.index.unique()  # 返回索引中的唯一值数组
```

3. columns

返回 DataFrame 的列索引。

示例 3-32：

```
print(df.columns)
```

Index([‘A’, ‘B’, ‘C’], dtype=‘object’)

4. values

返回 DataFrame 的值部分，通常是一个 NumPy 数组。

示例 3-33：

```
print(df.values)
```

[[1 4 ‘a’]
 [2 5 ‘b’]
 [3 6 ‘c’]]

5. dtypes

返回 DataFrame 中每列的数据类型。

示例 3-34：

```
print(df.dtypes)
```

A   int64
B   int64
C   object
dtype: object

6. 统计信息 describe()

示例 3-35：

```
print( df.describe() )
```

      A   B
count 3.0 3.0
mean   2.0 5.0
std   1.0 1.0
min   1.0 4.0

```
25%   1.5  4.5
50%   2.0  5.0
75%   2.5  5.5
max   3.0  6.0
```

3.3.3 DataFrame 的行操作

DataFrame 提供了多种方式来对行数据进行操作，包括选择、修改、插入和删除等。

1. 按位置选择行

示例 3-36：

```
data = { 'Name' :[ 'Alex' , 'Bob' , 'Kevin' ], 'Age' :[10, 12, 13]}
df = pd.DataFrame(data)
# 选择第一行
print(df.iloc[0])
# 切片选择多行
print(df.iloc[0:2])
# 列表选择多行
print(df.iloc[[0, 2]])
```

```
Name    Alex
Age      10
Name: 0, dtype: object
  Name Age
0 Alex  10
1  Bob  12
   Name Age
0  Alex  10
2 Kevin  13
```

2. 按标签选择行

示例 3-37：

```
# 通过位置获取标签
print(df.iloc[0])
# 直接使用标签
print(df.loc[0])
```

```
Name    Alex
Age     10
Name: 0, dtype: object
Name    Alex
Age     10
Name: 0, dtype: object
```

3. 按条件选择行

示例 3-38：

```
# 使用基于标量的条件
print(df[df.Age > 11])
# 使用基于列表 /NumPy 数组 /Series 的条件
print(df[df.Name.isin([‘Alex’,‘Kevin’])])
```

```
    Name  Age
1    Bob   12
2  Kevin   13
    Name  Age
0   Alex   10
2  Kevin   13
```

4. 修改行数据

示例 3-39：

```
# 通过标签修改
```

```
df.loc[0, 'Age'] = 20
print(df)
```

```
    Name Age
0  Alex  20
1   Bob  12
2 Kevin  13
```

5. 添加 / 插入行数据

示例 3-40：

```
# 添加单行
new_row = pd.Series({'Name':'Tom','Age':16})
df = df.append(new_row, ignore_index=True)
print(df)
# 添加多行
more_rows = pd.DataFrame({'Name':['Jerry','Simi'],'Age':[17,18]})
df = pd.concat([df, more_rows])
print(df)
```

```
    Name Age
0  Alex  20
1   Bob  12
2 Kevin  13
3   Tom  16
    Name Age
0  Alex  20
1   Bob  12
2 Kevin  13
3   Tom  16
0 Jerry  17
1  Simi  18
```

append() 新增一行中 ignore_index=True 的作用是在追加数据时重置索引，而不保留原有的索引，具体来说：

（1）如果 ignore_index=False（默认值），那么 append 新增的数据的索引将保持原有的索引值，这可能会导致结果 DataFrame 的索引重复或者不连续，这样可能会出错。

（2）如果 ignore_index=True，那么 append 新增的数据会从结果 DataFrame 的最后一个索引值的下一个位置开始重新索引，从 0 开始递增，保证结果 DataFrame 的索引是连续且唯一的。

通常在进行数据拼接时，如果不关心保持原始索引，使用 ignore_index=True 会更方便、更加高效。

也可以通过以下方法新增，设置新的 Series 的 name。

```
# 第二种方法
s = pd.Series([ 'Name' ,'Xiaoming' ])
s.name = 3 # 必须设置 name 属性 , 这样才能进行添加 , name 的值是要添加的索引值
df.append(s)
```

6. 删除行数据

示例 3-41：

```
# 通过标签删除
df.drop(0, inplace=True)
print(df)
# 通过切片删除多行
df.drop(df.index[1:3], inplace=True)
print(df)
```

```
  Name  Age
1  Bob   12
2 Kevin  13
3  Tom   16
```

```
1  Simi  18
  Name  Age
1  Bob  12
1  Simi  18
```

7. 获取最大值列 df.nlargest() 函数

df.nlargest(n, columns, keep=‘all’) 是 DataFrame 的一个方法，用于获取该 DataFrame 中指定列的前 *n* 个最大值所在的行数据。

参数如下。

（1）n：int 类型，要获取的最大值的数量。

（2）columns：标签或标签列表，需要对哪些列进行筛选。可以是单个列名，也可以是多个列名的列表。

（3）keep：{‘all’,‘any’} 默认为‘all’，用于控制行返回的条件。

① ‘all’：只返回在指定的所有列中都至少有一个最大值的行。

② ‘any’：只要在指定的任意一列中有最大值即可返回该行。

该方法会返回一个新的 DataFrame，仅包含满足条件的 *n* 行数据。

示例 3-42：

```
df = pd.DataFrame({‘A’:[3,5,3,1],
            ‘B’:[1,2,3,4],
            ‘C’:[5,8,3,9]})
print(df)
# 获取列 A 和 B 中最大的 2 个值所在的行
print( df.nlargest(2, [‘A’,‘B’]) )
# 只取列 C 中最大的 1 个值所在的行
print( df.nlargest(1, ‘C’) )
```

```
  A B C
0 3 1 5
1 5 2 8
2 3 3 3
```

3 1 4 9
  A B C
1 5 2 8
2 3 3 3
  A B C
3 1 4 9

nlargest 常与 nsmallest 方法（获取最小值的行）一起使用。

3.3.4 DataFrame 的列操作

在 DataFrames 中，对列的操作非常常见，包括选择列、修改列值、添加新列和删除列等操作。

1. 选择单列或多列

示例 3-43：

```
data = { 'Name' :[ 'Alex' , 'Bob' , 'Clarke' ], 'Age' :[10, 12, 13], 'Score' :[9.6,
8.8, 7.5]}
df = pd.DataFrame(data)
# 选择单列 (Series)
print(df[ 'Name' ])
```

```
0    Alex
1     Bob
2  Clarke
Name: Name, dtype: object
```

2. 通过位置选择列

示例 3-44：

```
# 选择第一列
print(df.iloc[:, 0])
# 选择第一、三列
print(df.iloc[:, [0, 2]])
```

```
0     Alex
1      Bob
2   Clarke
Name: Name, dtype: object
   Name  Score
0   Alex   9.6
1    Bob   8.8
2 Clarke   7.5
```

3. 修改列值

示例 3-45：

```
# 修改整列
df['Age'] = [18, 20, 22]
print(df)
# 修改部分值
df.loc[0, 'Name'] = 'Tommy'
print(df)
# 通过索引修改
df.iloc[1, 2] = 9.9
print(df)
```

```
   Name  Age  Score
0   Alex   18    9.6
1    Bob   20    8.8
2 Clarke   22    7.5
   Name  Age  Score
0 Tommy   18    9.6
1    Bob   20    8.8
2 Clarke   22    7.5
   Name  Age  Score
```

```
0  Tommy  18   9.6
1    Bob  20   9.9
2 Clarke  22   7.5
```

对列的所有值进行修改：

```
df['Age'] = 20 # 进行赋值
print(df)
```

```
    Name  Age  Score
0  Tommy   20    9.6
1    Bob   20    9.9
2 Clarke   20    7.5
```

4. 添加新列

示例 3-46：

```
# 添加新列 ( 常数 )
df['New_Col1'] = 10
print(df)
# 添加新列 ( 可调用对象 )
df['New_Col2'] = df['Age'].apply(lambda x: x + 10)
print(df)
```

```
    Name  Age  Score  New_Col1
0  Tommy   20    9.6        10
1    Bob   20    9.9        10
2 Clarke   20    7.5        10
    Name  Age  Score  New_Col1  New_Col2
0  Tommy   20    9.6        10        30
1    Bob   20    9.9        10        30
2 Clarke   20    7.5        10        30
```

df.assign() 函数也可以在现有 DataFrame 中创建新列，或者覆盖现有的列，它返回一个新的 DataFrame。这个操作不会修改原始的 DataFrame。

示例 3-47：

```
data = {
    'A' : [1, 2, 3],
    'B' : [4, 5, 6]
}
df1 = pd.DataFrame(data)
print(df1)
df_new = df1.assign(C=df1['A'] + df1['B'])
print(df_new)
```

```
   A  B
0  1  4
1  2  5
2  3  6
   A  B  C
0  1  4  5
1  2  5  7
2  3  6  9
```

5. 删除列

在 Pandas 中，删除列时需要指定参数 axis=1，因为 axis=0 是指代行的方向。具体来说：

（1）axis=0 表示操作沿着行的方向进行，即在每一列上应用操作；

（2）axis=1 表示操作沿着列的方向进行，即在每一行上应用操作。

要删除列时，需要设置 axis=1，以告知 Pandas 沿着列的方向执行删除操作。如果不指定 axis 参数，默认是 axis=0，这将导致在行的方向上执行操作，通常不是我们删除列时所需的操作方向。

示例 3-48：

```
# 删除单列
df.drop('Score', axis=1, inplace=True)
```

```
print(df)
# 删除多列
df.drop([ 'Age' , 'New_Col1' ], axis=1, inplace=True)
print(df)
```

```
   Name  Age  New_Col1  New_Col2
0  Tommy  20       10        30
1    Bob  20       10        30
2  Clarke  20      10        30
   Name  New_Col2
0  Tommy       30
1    Bob       30
2  Clarke      30
```

6. 重命名列

示例 3-49：

```
# 用字典映射方式
df.rename(columns={ 'Score' : 'NewScore' }, inplace=True)
print(df)
# 用函数方式
df.columns = df.columns.str.upper()
print(df)
```

```
   Name  New_Col2
0  Tommy       30
1    Bob       30
2  Clarke      30
   NAME  NEW_COL2
0  Tommy       30
1    Bob       30
2  Clarke      30
```

7. 通过条件判断获取值

示例 3-50：

```
data = { ‘Name’ :[ ‘Alex’ , ‘Bob’ , ‘Clarke’ ], ‘Age’ :[10, 12, 13], ‘Score’ :[9.6,
8.8, 7.5]}
df = pd.DataFrame(data)
print( df[df.Age > df.Age.mean()] )# 代表把是 True 值的都拿到了
```

```
   Name  Age  Score
1    Bob   12    8.8
2 Clarke   13    7.5
```

8. DataFrame 的 select_dtypes 函数

DataFrame 的 select_dtypes 函数用于选择数据框中特定数据类型的列。用法：df.select_dtypes(include=None, exclude=None)

参数如下。

（1）include 是一个数据类型列表，用于指定要包含的数据类型。例如 include=[‘float’] 将仅选择浮点数列。

（2）exclude 是一个数据类型列表，用于指定要排除的数据类型。例如 exclude=[‘int’] 将排除整数列；

include 和 exclude 参数是互斥的，不能同时使用。如果两者都没有指定。则返回所有列。

示例 3-51：

```
# 创建一个示例 DataFrame
data = {
    ‘A’ : [1, 2, 3],
    ‘B’ : [ ‘a’ , ‘b’ , ‘c’ ],
    ‘C’ : [1.1, 2.2, 3.3]
}
df = pd.DataFrame(data)
# 选择数值类型的列
```

```
numeric_cols = df.select_dtypes(include='number')
print(numeric_cols)
# 选择字符串类型的列
string_cols = df.select_dtypes(include='object')
print(string_cols)
```

```
   A   C
0  1  1.1
1  2  2.2
2  3  3.3
   B
0  a
1  b
2  c
```

注意：

（1）对 DataFrame 的修改默认情况下会产生新的数据副本，如果想直接在原始数据上进行修改，需要显式指定 inplace=True 参数；

（2）在处理大数据集时，应尽量利用向量化操作避免循环，以提高性能。

小知识：向量化操作

在处理大数据集时，确实应尽量利用向量化操作，而避免使用显式循环，这样可以显著提高性能。向量化操作是指对整个数据结构（如 Series 或 DataFrame）进行操作，而不是逐个元素或逐行 / 逐列地进行循环处理。

（1）使用 Pandas 进行向量化操作：Pandas 提供了许多内置的向量化操作，如算术运算、逻辑运算、聚合操作等。例如，使用 df['column'] + 1 可以对 DataFrame 的某一列进行逐元素加法操作，而不需要显式循环。

（2）利用 NumPy 进行数值运算：NumPy 提供了高效的数组操作和数学函数，可以处理大型数值数据集。使用 NumPy 的数组操作，如 np.sin(array)，可以在整个数组上快速应用正弦函数，而无须逐个元素进行计算。

（3）避免显式循环：在编写代码时，尽量避免使用显式循环，例如 for 循环。

如果确实需要迭代，可以考虑使用内置的高阶函数（如 apply、map 等）或者列表推导式来提高效率。

3.3.5 DataFrame 的索引操作

1. 重置索引

示例 3-52：

```
data = { 'Name' :[ 'Alex' , 'Bob' , 'Clarke' ], 'Age' :[10, 12, 13]}
df = pd.DataFrame(data)
# 输出原始索引
print(df.index)
# 重置索引
df = df.reset_index(drop=True)
print(df)
```

```
RangeIndex(start=0, stop=3, step=1)
   Name  Age
0  Alex   10
1   Bob   12
2 Clarke  13
```

2. 设置新索引

示例 3-53：

```
# 从列创建新索引
df = df.set_index( 'Name' )
print(df)
# 从列表创建新索引
new_index = [ 'player1' , 'player2' , 'player3' ]
df = df.set_index(pd.Index(new_index))
print(df)
```

```
   Age
```

```
Name
Alex    10
Bob     12
Clarke  13
        Age
player1  10
player2  12
player3  13
```

3. 多层次索引

示例 3-54：

```
data = {('Year', 'Month'):[2023, 2023], ('Product', 'Name'):['Apple','Banana'],
( 'Value' ,2023):[100, 200]}
df = pd.DataFrame(data)
print(df)
# 设置多层次索引
df = df.set_index(keys=[(( 'Year' , 'Month' )), (( 'Product' , 'Name' ))])
print(df)
```

```
 Year Product Value
 Month   Name  2023
0  2023   Apple   100
1  2023  Banana   200
                        Value
                         2023
(Year, Month) (Product, Name)
2023          Apple           100
              Banana          200
```

set_index 函数中的 append 参数用于控制是直接将新索引替换旧索引，还是将新索引追加到旧索引后面，从而形成多层次索引。

append 参数的取值为布尔值：

（1）append=True 表示将新索引追加到原有索引后面，形成层级索引或多索引；

（2）append=False 表示直接用新索引替换原有索引。

示例 3-55：

```
# 创建示例 DataFrame
df = pd.DataFrame({ 'A' : [1, 2, 3], 'B' : [4, 5, 6]}, index=[ 'a' , 'b' , 'c' ])
print(df)
# 直接替换索引
df = df.set_index( 'A' )
print(df)
# 追加新索引形成层级索引
df = df.set_index( 'B' , append=True)
print(df)
```

```
  A B
a 1 4
b 2 5
c 3 6
  B
A
1 4
2 5
3 6
Empty DataFrame
Columns: []
Index: [(1, 4), (2, 5), (3, 6)]
```

set_index('B' , append=True) 将 B 列追加为新的一级索引，与原来的索引 A 组成层级索引。

注意：层级索引中，如果原索引对应该级无值则为 NaN。

4. 索引属性

示例 3-56：

```
# 索引值
print(df.index.values)
# 索引名称
print(df.index.name)
# 分配索引名称
df.index.name = ‘Players’
print(df)
```

[(1, 4) (2, 5) (3, 6)]

None

Empty DataFrame

Columns: []

Index: [(1, 4), (2, 5), (3, 6)]

5. 行列转置

df.transpose() 是 Pandas 中的一个方法，用于对 DataFrame 进行转置操作，即交换行和列的位置。转置之后：

（1）原 DataFrame 的行索引会变成新 DataFrame 的列索引；

（2）原 DataFrame 的列索引会变成新 DataFrame 的行索引；

（3）原 DataFrame 的值会按行列位置对应地交换位置。

示例 3-57：

```
# 创建示例 DataFrame
data = { ‘Name’ : [ ‘Alice’ , ‘Bob’ , ‘Charlie’ ],
      ‘Age’ : [25, 30, 35],
      ‘City’ : [ ‘New York’ , ‘Los Angeles’ , ‘Chicago’ ]}
df = pd.DataFrame(data)
print(df)
```

```
# 转置
df_transposed = df.transpose()
print(df_transposed)
```

```
        Name     Age          City
0       Alice    25           New York
1       Bob      30           Los Angeles
2       Charlie  35           Chicago
        0        1            2
Name    Alice    Bob          Charlie
Age     25       30           35
City    New York Los Angeles  Chicago
```

3.3.6 DataFrame 的切片操作

在 DataFrame 中，可以使用复杂的切片操作来选择符合特定条件的行和列子集。

1. 基于位置和条件的行和列切片

示例 3-58：

```
df = pd.DataFrame(np.random.randn(5,4), columns=[ 'A' , 'B' , 'C' , 'D' ])
# 选择前 3 行 , 最后 2 列
print(df.iloc[:3, 2:])
# 选择值大于 0 的元素
print(df[df > 0])
```

```
       C         D
0  2.302027 -0.467607
1 -0.357698 -0.573161
2 -0.192177  1.551408
       A        B        C        D
0  0.085654     NaN  2.302027     NaN
```

```
1 0.200263 0.086316      NaN      NaN
2      NaN 0.893432      NaN 1.551408
3 0.990866 0.357304      NaN 0.137702
4      NaN      NaN 0.936921      NaN
```

2. 基于标签的行和列切片

示例 3-59:

```
df = pd.DataFrame(np.random.randn(4,3),columns=[ ‘C’ , ‘B’ , ‘A’ ], index=[ ‘
row1’ , ‘row2’ , ‘row3’ , ‘row4’ ])
# 指定行列标签进行切片
print(df.loc[[ ‘row1’ , ‘row3’ ],[ ‘A’ , ‘C’ ]])
# 使用条件进行切片
print(df.loc[(df[ ‘A’ ] > 0) & (df[ ‘B’ ] < 0), :])
```

```
            A          C
row1  0.895127  -0.566350
row3  0.002341   1.206861
            C          B          A
row1  -0.566350  -2.039766  0.895127
row3   1.206861  -0.936767  0.002341
```

3. 使用切片对象

示例 3-60:

```
# 切片行
rows_slice = slice(0, 2)
print(df.iloc[rows_slice,:])
# 切片列
cols_slice = slice( ‘A’ , ‘C’ )
print(df.loc[:,cols_slice])
```

```
     C     B     A
```

```
row1 -0.566350 -2.039766  0.895127
row2 -0.588123  0.769633  0.938683
Empty DataFrame
Columns: []
Index: [row1, row2, row3, row4]
```

小知识：python 内置函数——slice 切片函数

slice 是一个 Python 内置函数，用于创建一个切片对象。切片对象用于切片操作，可以用于索引操作、切片操作等。它的一般形式是 slice(start, stop, step)。

（1）start：起始位置（包含）。

（2）stop：结束位置（不包含）。

（3）step：步长（默认为 None，表示步长为 1）。

例如：

```
s = slice(2, 5)
print(s.start)  # 输出 2
print(s.stop)   # 输出 5
print(s.step)   # 输出 None
```

在 Pandas 中，slice 通常与索引器（如 .loc 和 .iloc）一起使用，用于指定切片操作的行或列范围。

示例 3-61：

```
# 创建一个 DataFrame
data = { ‘A’ : [1, 2, 3, 4, 5],
     ‘B’ : [6, 7, 8, 9, 10],
     ‘C’ : [ ‘a’ , ‘b’ , ‘c’ , ‘d’ , ‘e’ ]}
df = pd.DataFrame(data)
# 使用 slice 和 .loc 选取部分行和列
rows = slice(1, 4)
cols = [ ‘A’ , ‘B’ ]
```

```
subset = df.loc[rows, cols]
print(subset)
```

```
   A  B
1  2  7
2  3  8
3  4  9
4  5  10
```

4. 使用布尔数组

示例 3-62：

```
# 创建布尔数组进行选择
cond1 = df[ 'A' ] > 0
cond2 = df[ 'B' ] < 0
print(df.loc[cond1 & cond2, [ 'A' , 'B' ]])
```

```
Empty DataFrame
Columns: [A, B]
Index: []
```

5. 基于日期 / 时间索引进行切片

示例 3-63：

```
dates = pd.date_range( '20230101' ,periods=6)
df = pd.DataFrame(np.random.randn(6,4), index=dates, columns=list( 'ABCD' ))
# 切片日期范围
print(df.loc[ '20230102' : '20230104' , [ 'A' , 'B' ]])
```

```
                   A          B
2023-01-02  2.138194 -0.895005
2023-01-03 -1.063231  0.786429
2023-01-04 -2.057790 -1.108964
```

第 4 章　Matplotlib 可视化

Matplotlib 是 Python 最流行的数据可视化库之一，本章将全面介绍 Matplotlib 的使用，从使用模式、基本绘图架构，到主要的可视化图像绘制。本章还将介绍如何创建各种类型的图表，包括折线图、散点图、柱状图等，并说明如何自定义图形样式、添加注释和图例。在本章中，读者将学会如何在 Jupyter 环境中高效使用 Matplotlib，理解其模块划分，并熟练应用于各种类型的图形绘制和颜色管理。

4.1　Matplotlib 概述

Matplotlib 是一个用于创建静态、动态和交互式数据可视化的 Python 库。它提供了一种类似于 MATLAB（MATLAB 是一种强大的数值计算和数据可视化软件，广泛用于工程、科学和数学领域，特别擅长矩阵运算和算法开发。）的绘图接口，使得用户可以轻松地绘制各种类型的图形，包括线图、散点图、柱状图、饼图、等高线图等。Matplotlib 是数据科学领域中最流行的绘图库之一，因其灵活性、功能强大和广泛的支持而受到广泛欢迎。

Matplotlib 可用于 Python 脚本，Python 和 IPython shell、Jupyter Notebook、Web 应用服务器以及四个主要的图形用户界面工具包：Tkinter（https://docs.python.org/3/library/tkinter.html）、wxPython（https://wxpython.org/）、Qt（https://www.qt.io/）和 GTK+（https://www.gtk.org/）。

Matplotlib 最初由 John D. Hunter 于 2003 年创建，该软件最初是他在博士研究期间为可视化癫痫患者的脑电图（ECoG）数据而开发的。之后，美国国家航空航天局（NASA）太空望远镜科学研究所的哈勃望远镜背后团队选择了 Matplotlib 作为画图程序包，并一直为 Matplotlib 开发团队提供资金支持，从而大大促进了 Matplotlib 的发展。自创建以来，Matplotlib 不断发展壮大，逐步引入了更多功能和改进，并吸引了一个庞大的用户和贡献者。目前最新版本是2024年5月发布的3.9版本，主要增强了标注、图例、mathtext支持、3D绘图等功能。

与Pandas类似，Matplotlib运行也依赖于一些Python库，主要是Numpy。Matplotlib也可以与其他库集成，如Pandas、SciPy等，以实现更复杂的数据分析和可视化任务。

Matplotlib是一个功能强大的数据可视化库，具有以下主要功能。

（1）绘制各种类型的图形：Matplotlib提供了丰富的函数和方法来绘制各种类型的图形，例如折线图、散点图、柱状图、饼图、等高线图、3D图显示等。

（2）图形样式设置：支持调整图形各个组件的样式，如标题、轴标签、刻度、网格、图例等；支持控制线条、标记、颜色、字体和其他绘图元素的属性；支持多种坐标系和投影。

（3）支持多种输出格式：可以将绘制的图形输出为多种常见的图像格式，如PNG、JPEG、PDF、SVG等，以及交互式的图形展示。

（4）提供交互式功能：可以通过不同的后端支持实现交互式绘图，用户可以通过鼠标交互、键盘事件等方式与图形进行交互操作。

（5）支持LaTeX渲染：支持LaTeX渲染数学公式和文本，可以在图形中添加复杂的数学符号和公式。

（6）多种子图布局和组合：在单个图形中创建多个子图，并支持多种子图布局和组合方式，可以在一个图形中展示多个相关的数据。

（7）与Pandas和NumPy集成，可以方便地将这些库中的数据直接用于绘图。支持第三方绘图样式库，如Seaborn等，提供更高级的可视化功能。

（8）支持动态和流式数据可视化：提供了一些工具和函数，支持动态数据可视化，可以实时更新数据并动态展示在图形中，并支持动画功能。

（9）多平台支持：可以运行在各种操作系统上，包括Windows、Linux和macOS，同时也可以在多种开发环境下使用，如Jupyter Notebook、IPython、Spyder等。

4.2 Jupyter 中 Matplotlib 的使用模式

在 Jupyter Notebook 中使用 matplotlib.pyplot 绘制图形时，有几种模式可供选择。

（1）%matplotlib inline 模式：在单元格中直接嵌入静态图形。图形会在执行代码单元格后立即显示，但图形不具有交互式功能。

（2）%matplotlib notebook 模式：在单元格中嵌入交互式图形。图形具有一定的交互性，可以通过鼠标进行缩放、平移等操作。

（3）%matplotlib widget 模式：在单元格中嵌入交互式图形。与 %matplotlib notebook 类似，但可提供更多的交互功能和更流畅的用户体验。

（4）%matplotlib auto 模式：让系统自动选择合适的后端来显示 Matplotlib 绘制的图形。%matplotlib auto 等价于 %matplotlib，自动选择最佳模式。

默认情况下，Jupyter Notebook 使用 %matplotlib inline 模式，该模式下图形会直接嵌入 Notebook 中的单元格中，并且在执行单元格后即可显示图形。这种模式简单方便，适用于大多数情况。如果需要更灵活的交互式绘图或者绘制动态图形，可以切换到 %matplotlib notebook 或 %matplotlib widget 模式，它们提供了更多的交互功能。

下面用具体的例子来说明在 Jupyter Notebook 中使用 Matplotlib 的使用模式。

1. %matplotlib inline

示例 4-1：

```
import matplotlib.pyplot as plt
import numpy as np
%matplotlib inline

# 数据准备
x = np.linspace(0, 10, 100)
y = np.cos(x)
# 绘制图形
```

```
fig, ax = plt.subplots()
ax.plot(x, y)
ax.set_title('Non-interactive Mode')
ax.set_xlabel('X')
ax.set_ylabel('Y')
# 在非交互模式下，需要调用 plt.show() 才能显示图形
plt.show()
```

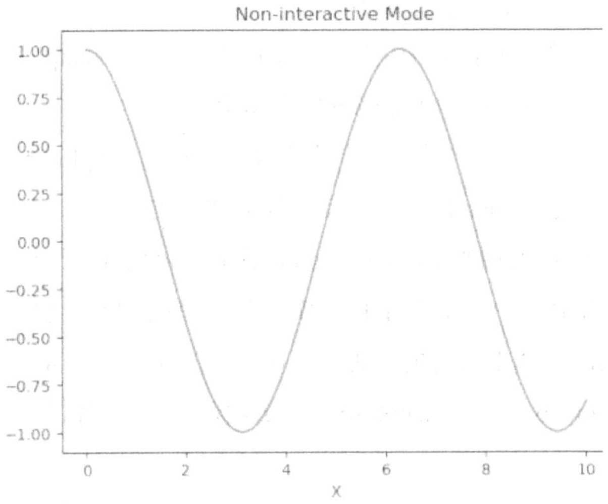

2. %matplotlib notebook

示例 4-2：

```
%matplotlib notebook



# 数据准备
x = np.linspace(0, 10, 100)
y = np.sin(x)
# 绘制图形
plt.plot(x, y)
plt.title('Interactive Mode')
```

```
plt.xlabel('X')
plt.ylabel('Y')
# 在交互模式下 , 无须调用 plt.show(), 图形会自动弹出
```

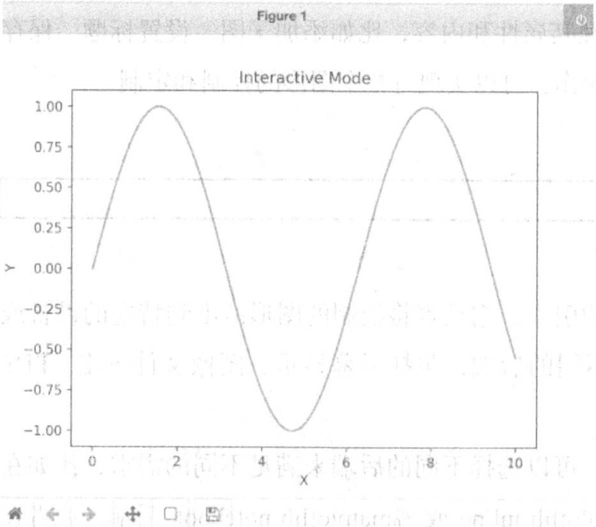

%matplotlib notebook 是交互模式，可以看到比非交互模式 %matplotlib inline 多了一些用于选择和交互的按钮。如果在 Jupyter 环境中想要在独立窗口中显示图形，可以使用 %matplotlib qt 或 %matplotlib tk，这两种模式需要安装相应的库并配置。

4.3　Matplotlib 的模块划分

Matplotlib 将绘图功能划分为两个主要部分：图形（figure）和后端（backend）。

1. 图形

图形是 Matplotlib 中的顶层容器，它可以包含多个子图（axes），以及图形的标题、标签、图例等元素。一个图形可以理解为一个绘图窗口，是绘制图形的最顶层结构。当创建一个新的图形时，Matplotlib 会自动创建一个新的图形对象。图形由以下几个主要组件构成。

（1）figure：表示整个绘图区域。

（2）axes：是真正用于绘制数据的区域，一个 figure 可以包含多个 axes。

（3）axis：表示一个坐标轴（例如：*x* 轴、*y* 轴）。

（4）各种绘图元素：如线条（line2D）、文本（text）、图例（legend）等。

图形提供了许多方法来管理其属性和内容，比如添加子图、设置标题、保存图形等。通过对图形对象进行操作，可以实现对整个图形的控制和定制。

例如创建一个图形：

```
fig = plt.figure()
```

2. 后端

后端是 Matplotlib 绘图库的引擎，它负责将绘制的图形渲染到特定的设备或文件上。Matplotlib 支持多种不同的后端，包括屏幕显示、图像文件输出、PDF 输出等。

在使用 Matplotlib 绘图时，可以选择不同的后端来满足不同的需求，比如在 Jupyter Notebook 中选择 %matplotlib inline 或 %matplotlib notebook 后端，或者在脚本中选择将图形保存为图像文件。主要的后端有以下几种。

（1）Qt 后端：用于渲染 Qt 图形界面。

（2）GTK 后端：用于渲染 GTK 图形界面。

（3）WxWidgets 后端：用于渲染 WxWidgets 图形界面。

（4）Tkinter 后端：用于渲染 Tkinter 图形界面。

（5）Agg 后端：基于 Anti-Grain Geometry（AGG）引擎的渲染器，用于渲染位图输出。

（6）PS 后端：用于渲染 PostScript 输出。

（7）PDF 后端：用于渲染 PDF 矢量输出。

（8）SVG 后端：用于渲染 SVG 矢量输出。

总体而言，图形表示绘制的整个图形结构，而后端则负责将图形渲染到特定的输出设备或文件上。两者的分离与协作，使得 Matplotlib 成为一个功能强大且可扩展的绘图库。

例如，切换一个后端：

```
# 切换后端为 Agg
matplotlib.use('Agg')
```

Matplotlib 代码结构采用了模块化的设计，主要的模块划分如下。

（1）matplotlib.pyplot：是 Matplotlib 中最常用的模块之一，提供了类似于 MATLAB 的绘图接口，用于创建图形、绘制各种类型的图形、添加文本和注释等。

①创建图形和子图。

②绘制线图、散点图、柱状图、饼图等。

③添加标题、标签、图例等。

④控制坐标轴范围、刻度、标签等。

⑤保存图形到文件。

（2）matplotlib.figure：定义了图形（figure）类，用于创建和管理图形对象。每个图形对象可以包含多个子图（axes）。

①创建图形对象。

②控制图形的大小、分辨率、背景色等属性。

③添加标题、注释、标签等。

（3）matplotlib.axes：定义了子图（axes）类，用于创建和管理子图对象。子图是 Matplotlib 中最基本的绘图单元，用于实际绘制图形元素。

①创建子图对象。

②绘制线图、散点图、柱状图等。

③添加标题、标签、图例等。

④控制坐标轴、网格、刻度等属性。

除了上述绘图主要用到的模块外，Matplotlib 还包括一些其他重要的模块，如构成 Matplotlib 中与颜色、图例、刻度等相关的功能的模块。

（1）matplotlib.colors：提供了与颜色相关的函数和类，包括颜色表示、颜色映射、颜色转换等功能。它定义了一些常见的颜色空间，如 RGB、HSV，以及一些常用的颜色映射方法。

①定义颜色对象和颜色映射对象。

②提供颜色转换函数。

③定义颜色映射方法，如线性映射、对数映射等。

④提供一些预定义的颜色映射，如 viridis、jet 等。

（2）matplotlib.colorbar：提供了颜色条相关的函数和类，用于在图形中添加颜色条。颜色条可以用来展示数据与颜色之间的对应关系，对于热度图、等值线图等可视化效果非常有用。

①创建颜色条对象。

②控制颜色条的位置、标签、方向等属性。

③添加颜色条到图形中。

（3）matplotlib.cm：提供了颜色映射（colormap）相关的函数和类，用于定义和管理颜色映射。颜色映射将数据值映射到颜色空间中，帮助用户更直观地理解数据的分布和特征。

①定义和管理颜色映射对象。

②提供预定义的颜色映射，如 viridis、jet 等。

③支持自定义颜色映射。

（4）matplotlib.legend：提供了图例相关的函数和类，用于在图形中添加图例。图例可以说明不同数据系列或不同图形的含义，帮助用户更好地理解图形内容。

①创建图例对象。

②控制图例的位置、标签、样式等属性。

③添加图例到图形中。

（5）matplotlib.ticker：提供了刻度定位器和格式化器相关的函数和类，用于在图形中控制刻度的位置和格式。刻度是坐标轴上的标记，用于表示数据的位置和大小。

①定义刻度定位器和格式化器对象。

②控制刻度的位置、间隔、标签格式等属性。

③添加刻度到坐标轴中。

还有一些模块用于 Matplotlib 的高级功能、后端、绘图、字体等配置等功能，如下所示。

（1）matplotlib.rc：用于设置 Matplotlib 的默认配置参数，可以通过修改这些参数来定制绘图的样式、字体、颜色等属性。rc 是 Matplotlib 的“runtime configuration”的缩写。

（2）matplotlib.backend_bases：定义了 Matplotlib 后端（backend）的基类和接口规范，它为不同的后端提供了统一的接口，使得 Matplotlib 可以灵活地支持多种后端。

（3）matplotlib.backends：实现了具体的后端（backend）功能，不同的后端对应不同的子模块。

（4）matplotlib.projections：定义了 Matplotlib 中投影（projection）的类和函数，用于实现在不同坐标系中的绘图。

（5）matplotlib.artist：定义了图形元素（artist）的基类和接口规范，它是 Matplotlib 中所有图形元素的基础类，如图形、文本、线条、坐标轴等。

（6）matplotlib.cbook：包含了一些通用的工具函数和类，用于辅助 Matplotlib 的开发和实现一些通用的功能，如路径操作、配置文件读写、事件处理等。

（7）matplotlib.font_manager：用于管理字体相关的功能，包括查找系统中可用的字体、加载字体文件、设置默认字体等。

（8）matplotlib.units：定义了单位转换器（converter）和单位注册器（registry），用于实现不同单位之间的转换和管理。

4.4　Matplotlib 基本绘图

注意：Matplotlib 对中文的支持需要系统提供中文字体，并进行配置。

以下代码创建 1 个画幅，并包含 4 个子图。

示例 4-3：

```
import matplotlib.pyplot as plt
import numpy as np
plt.rcParams['font.sans-serif'] = ['Arial Unicode MS'] # 用来正常显示中文
plt.rcParams['axes.unicode_minus'] = False # 用来正常显示负号
%matplotlib inline


# 一些随机数据
```

```
x = np.linspace(0, 10, 100)
y1 = np.sin(x)
y2 = np.cos(x)
values = [30, 25, 20, 35]
labels = ['Apple', 'Banana', 'Melon', 'Orange']
# 单个画幅
plt.figure(figsize=(10, 6)) # 设置画布大小
# 折线图
plt.subplot(2, 2, 1) # 划分网格，活跃区域为 1
plt.plot(x, y1, label='Sin(x)')
plt.plot(x, y2, label='Cos(x)')
plt.title(' 折线图 ') # 标题
plt.xlabel('X') # X 轴标签
plt.ylabel('Y') # Y 轴标签
plt.legend() # 显示图例
# 柱状图
plt.subplot(2, 2, 2) # 活跃区域为 2
plt.bar(labels, values)
plt.title(' 柱状图 ')
plt.ylabel(' 数量 ') # Y 轴标签为中文
# 饼图
plt.subplot(2, 2, 3) # 活跃区域为 3
plt.pie(values, labels=labels, autopct='%1.1f%%') # 添加数值标签
plt.axis('equal') # 设置为等比率坐标
plt.title(' 饼图 ')
# 散点图
plt.subplot(2, 2, 4) # 活跃区域为 4
plt.scatter(x, y1, label='Sin(x)')
plt.scatter(x, y2, label='Cos(x)')
```

```
plt.title(' 散点图 ')
plt.xlabel('X')
plt.ylabel('Y')
plt.grid(True)  # 添加网格线
plt.legend()
plt.tight_layout()  # 自动调整布局
plt.show()
```

图 4-1 显示了 1 个画幅和 4 个子图的例子，出现的元素包括画幅 figure，子图（坐标系）axes，标题 title，坐标轴 axis，轴上标签 label，图例 legend，网格 grid 等。

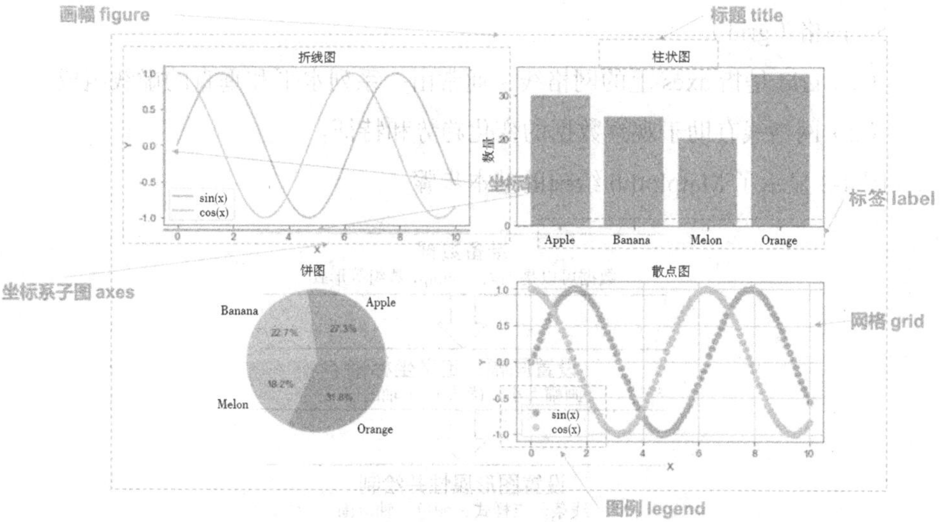

图 4-1　Matplotlib 基本绘图样例

1. 画幅（figure）和子图（axes）

（1）figure 对象表示整个绘图区域或窗口，相当于一个画布。

（2）axes 对象是真正用于绘制数据的区域，一个 figure 可以包含一个或多个 axes。

（3）可以将 axes 看作是 figure 中的子图或坐标系。

2. 标题（title）

（1）title 是设置在每个 axes 上的标题文本。

（2）通常位于子图的最上方，用于描述该子图的内容。

3. 坐标轴（axis）、*x*label 和 *y*label

（1）axis 指的是 axes 的坐标轴，包括 *x* 轴和 *y* 轴。

（2）*x*label 和 *y*label 分别设置了 *x* 轴和 *y* 轴的标签文本，用于标注数据的意义。

4. 图例（legend）

（1）legend 是一个小的参考图，标明了绘制在 axes 上的各种线条、点等的含义。

（2）它通常放置在 axes 的某个角落。

5. 网格（grid）

（1）grid 是指 axes 上的网格线，通常由一系列水平和垂直的虚线组成。

（2）网格线有助于观察数据的变化趋势和特征。

图 4-2 显示了 Matplotlib 绘图的基本步骤。

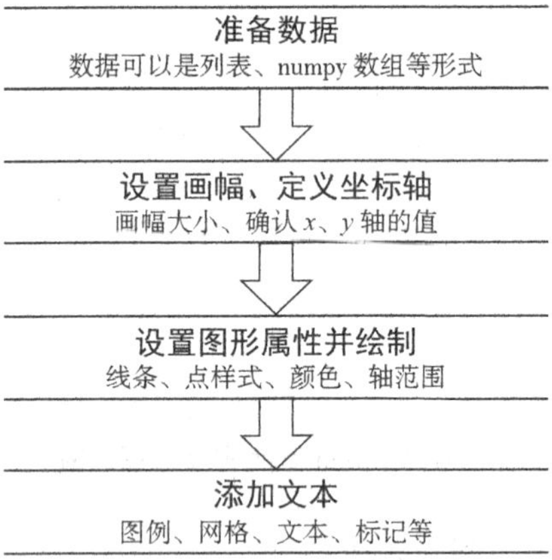

图 4-2　Matplotlib 绘图基本步骤

4.4.1 创建画幅

如果整个画幅只绘制一张图，那么创建画幅的方法相对简单，如例 4-4 所示。

示例 4-4：

```
# 创建一些数据
x = np.linspace(0, 10, 100)
y = np.sin(x)
# 创建一个新的 Figure
fig = plt.figure()
# 在 Figure 上绘制数据
plt.plot(x, y)
# 设置标题和坐标轴标签
plt.title('Sin Wave')
plt.xlabel('X')
plt.ylabel('Y')
# 显示图形
plt.show()
```

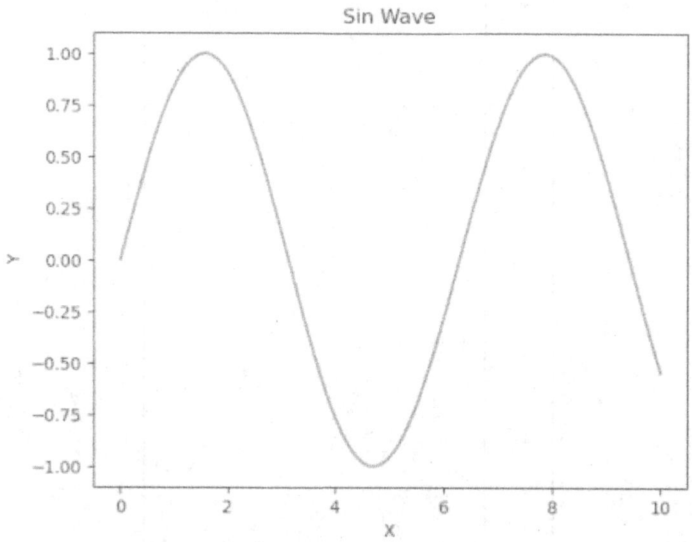

示例 4-4 中，使用 plt.figure() 创建了一个新的 figure 对象 fig，此时 figure 中还没有任何 axes 对象。然后直接调用 plt.plot(*x*, *y*) 在 figure 上绘制了数据。由于在这个 figure 中还没有 axes，Matplotlib 会自动创建一个占据整个 figure 区域的

axes，并在其上绘制数据。最后调用 plt.show() 显示图形。

如果需要在一张画幅 figure 中绘制多个子图 axes（每个子图占据一个坐标系），那么有以下几种方式。

（1）使用 fig.add_subplot() 创建子图并采用 plt 绘制子图。

示例 4-5：

```
fig = plt.figure()
# 在 Figure 上创建一个 Axes
fig.add_subplot(121)  # 1x2 网格 , 第一个子图
# 后面立即绘制子图
plt.plot([1, 2, 3, 4])
fig.add_subplot(122)  # 1x2 网格 , 第二个子图
plt.plot([4, 3, 2, 1])
plt.show()
```

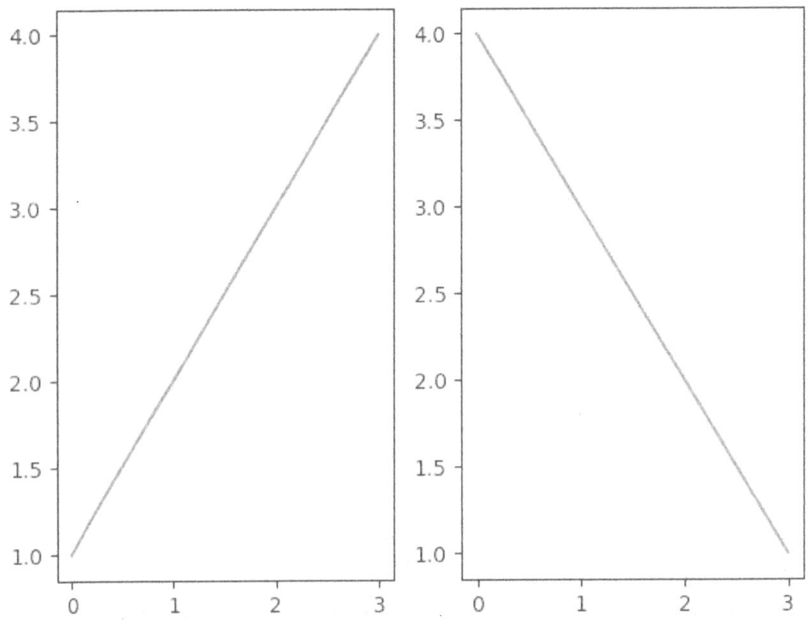

（2）使用 fig.add_subplot() 绘制子图并使用 axes 绘制子图。

示例 4-6：

```
fig = plt.figure()
# 在 Figure 上创建一个 Axes
ax1 = fig.add_subplot(121)  # 1x2 网格，第一个子图
# 在 Axes 上绘制数据
ax1.plot([1, 2, 3, 4])
ax2 = fig.add_subplot(122)  # 1x2 网格，第二个子图
# 在 Axes 上绘制数据
ax2.plot([4, 3, 2, 1])
plt.show()
```

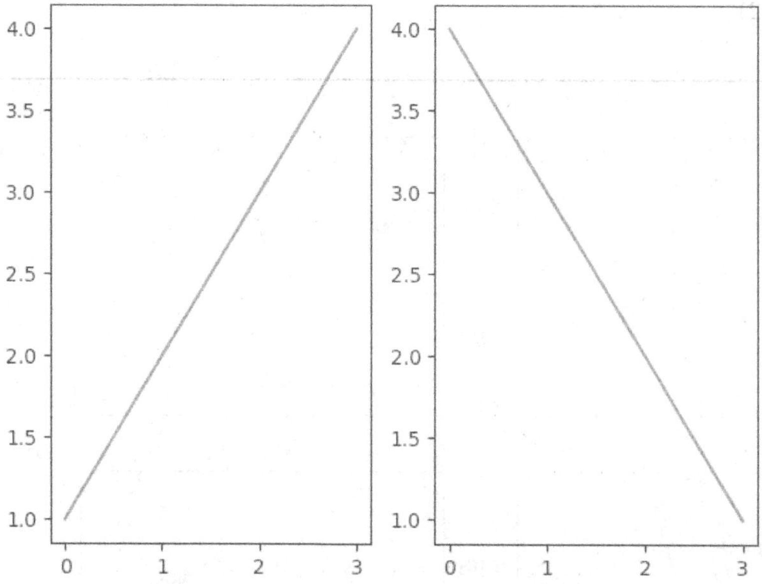

（3）通过 plt.subplot() 函数可以在同一个画幅上创建多个 axes。

示例 4-7：

```
# 创建一些数据
x = np.linspace(0, 10, 100)
y1 = np.sin(x)
```

```
y2 = np.cos(x)
# 创建一个新的 Figure, 包含 2x2 个 Axes
plt.figure(figsize=(8, 6))
# 在 2x2 网格中创建 4 个 Axes
plt.subplot(2, 2, 1)  # 第一行第一个
plt.plot(x, y1)
plt.subplot(2, 2, 2)  # 第一行第二个
plt.plot(x, y2)
plt.subplot(2, 2, 3)  # 第二行第一个
plt.plot(x, y1 + y2)
plt.subplot(2, 2, 4)  # 第二行第二个
plt.plot(x, y1 - y2)
plt.show()
```

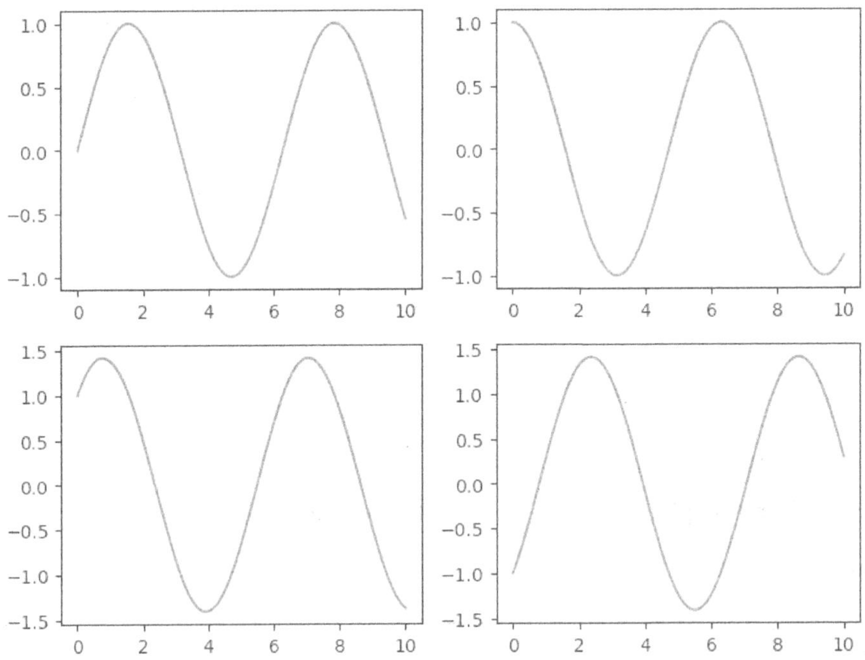

（4）使用 plt.subplots() 函数可以一次性创建多个 axes，并返回画幅 figure 和一个 axes 数组。

示例 4-8：

```
# 创建一些数据
x = np.linspace(0, 10, 100)
y1 = np.sin(x)
y2 = np.cos(x)
# 创建一个新的 Figure，包含 2x2 个 Axes
fig, axes = plt.subplots(nrows=2, ncols=2, figsize=(8, 6))
# axes 现在是一个 2x2 的 Axes 数组
axes[0, 0].plot(x, y1)
axes[0, 1].plot(x, y2)
axes[1, 0].plot(x, y1 + y2)
axes[1, 1].plot(x, y1 - y2)
plt.show()
```

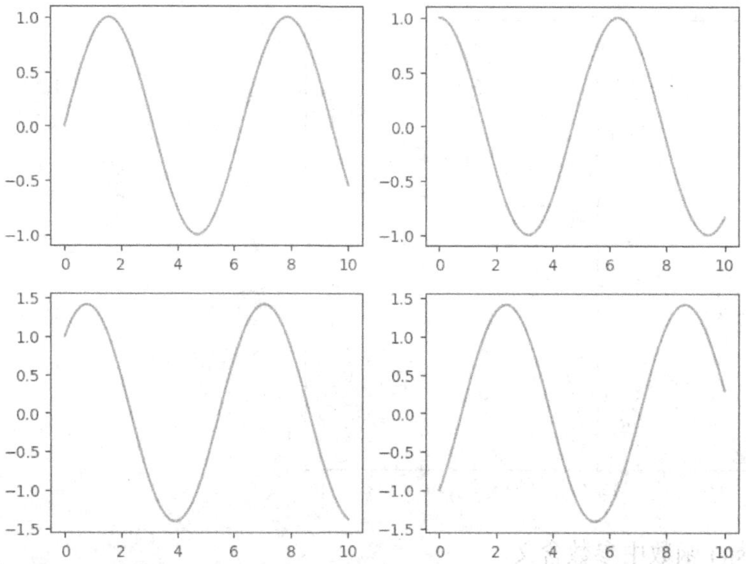

4.4.2 调整子画幅之间距离

上面的示例中，子画幅之间的距离（空隙）是自动调整的，如果希望主动调整子画幅之间的距离，可以通过多种方式调整子图周围的间距，包括使用 subplots_adjust() 方法、tight_layout() 方法以及 gridspec 对象的方法。

1. 使用 plt.subplots_adjust() 函数

示例 4-9：

```
fig, axes = plt.subplots(2, 2)
# 调整子图周围的间距
plt.subplots_adjust(left=0.1, right=0.9, bottom=0.1, top=0.9, wspace=0, hspace=0)
# 绘制图形
axes[0, 0].plot(x, y1)
axes[0, 1].plot(x, y2)
axes[1, 0].plot(x, y1 + y2)
axes[1, 1].plot(x, y1 - y2)
plt.show()
```

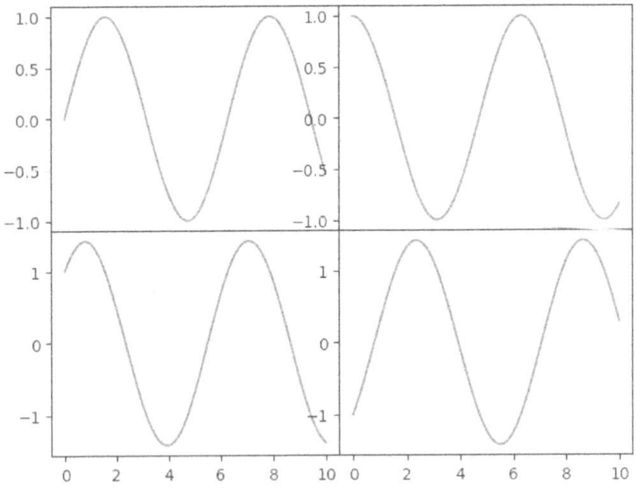

subplots_adjust() 函数中参数含义。

（1）left、right、bottom、top：调整图形的边界。

（2）wspace：调整子图之间的水平间距。

（3）hspace：调整子图之间的垂直间距。

2. 使用 plt.tight_layout() 函数

示例 4-10：

```
fig, axes = plt.subplots(2, 2)
# 调整子图周围的间距
plt.tight_layout()
# 绘制图形
axes[0, 0].plot(x, y1)
axes[0, 1].plot(x, y2)
axes[1, 0].plot(x, y1 + y2)
axes[1, 1].plot(x, y1 - y2)
plt.show()
```

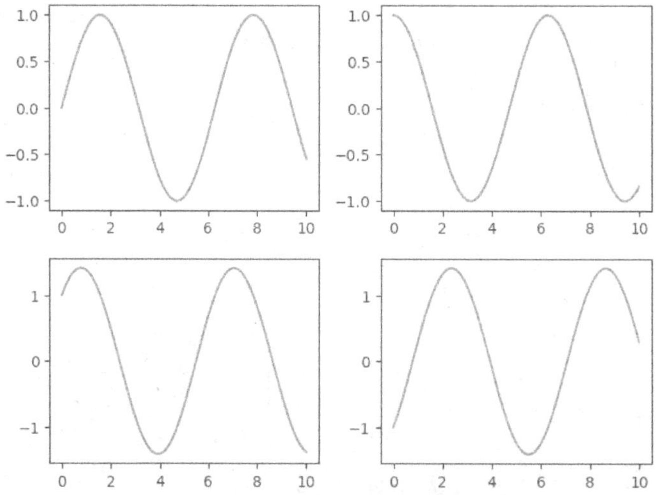

tight_layout() 函数会自动调整子图的大小和间距，使得它们之间没有重叠并且填充整个图形区域。

3. 使用 matplotlib.gridspec 对象

示例 4-11：

```
import matplotlib.gridspec as gridspec
```

```
# 创建图形和子图
fig = plt.figure()
gs = gridspec.GridSpec(2, 2, hspace=0, wspace=0)
ax1 = fig.add_subplot(gs[0, 0])
ax2 = fig.add_subplot(gs[0, 1])
ax3 = fig.add_subplot(gs[1, :])
# 绘制图形
ax1.plot(x, y1)
ax2.plot(x, y2)
ax3.plot(x, y1 + y2)
plt.show()
```

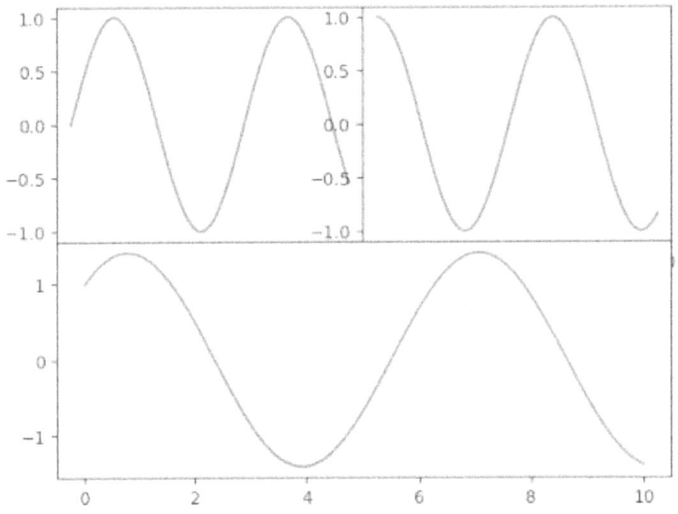

使用 gridspec 对象创建子图布局时，可以通过设置 hspace 和 wspace 参数来调整子图之间的垂直和水平间距。

4.4.3 调整坐标轴

调整坐标轴范围的方法包括使用 ax.set_xlim() 和 ax.set_ylim() 函数以及使用 ax.axis() 函数。

1. 使用 set_xlim() 和 set_ylim() 函数

这两个函数别用于调整 *X* 轴和 *Y* 轴的范围。

示例 4-12：

```
# 生成示例数据
x = [1, 2, 3, 4, 5]
y = [2, 3, 5, 7, 11]
# 创建图形和子图
fig, ax = plt.subplots()
# 绘制图形
ax.plot(x, y, marker='o')
# 调整 X 轴和 Y 轴的范围
ax.set_xlim(0, 6)
ax.set_ylim(0, 15)
# 设置图形标题和坐标轴标签
ax.set_title('Example Plot')
ax.set_xlabel('X Axis')
ax.set_ylabel('Y Axis')
plt.show()
```

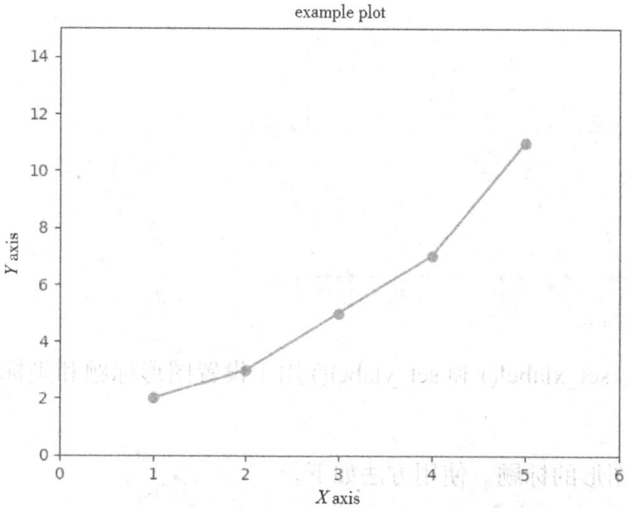

2. 使用 axis() 函数

axis() 函数可以一次性设置 *X* 轴和 *Y* 轴的范围，也可以设置其他属性如坐标轴的位置、是否显示坐标轴等。

示例 4-13：

```
fig, ax = plt.subplots()
# 绘制图形
ax.plot(x, y, marker='o')
# 调整 X 轴和 Y 轴的范围
ax.axis([0, 6, 0, 15]) # 参数依次为 [xmin, xmax, ymin, ymax]
# 设置图形标题和坐标轴标签
ax.set_title('Example Plot')
ax.set_xlabel('X Axis')
ax.set_ylabel('Y Axis')
plt.show()
```

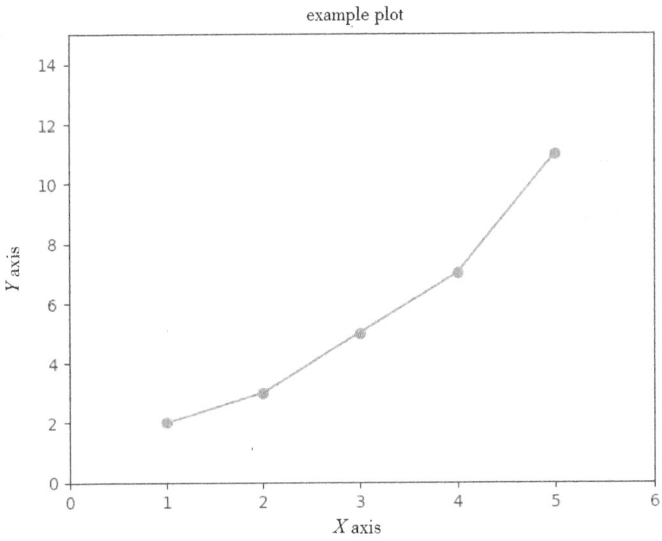

上面例子中，set_title()、set_xlabel() 和 set_ylabel() 用于设置图形标题和坐标轴标签。

set_title() 函数用于设置图形的标题。使用方法如下。

```
plt.title(' 图形标题 ')
# 或者
ax.set_title(' 图形标题 ')
```

set_xlabel() 函数和 set_ylabel() 函数用于设置 *X* 轴或 *Y* 轴的标签。使用方法如下。

```
plt.xlabel('X 轴标签 ')
# 或者
ax.set_xlabel('X 轴标签 ')
plt.ylabel('X 轴标签 ')
# 或者
ax.set_ylabel('Y 轴标签 ')
```

set_xticks() 和 set_yticks() 函数用于设置 *X* 轴的刻度位置，接受一个包含刻度位置的列表作为参数。

```
# 设置 X 轴的刻度位置
ax.set_xticks([1, 2, 3, 4, 5])
# 设置 Y 轴的刻度位置
ax.set_yticks([2, 4, 6, 8, 10])
```

注意：plt.title，plt.xlabel，和 plt.ylabel 应用于当前激活的 axes 对象；ax.set_title，ax.set_xlabel，和 ax.set_ylabel 应用于特定的 axes 对象。

4.4.4 采用 plt 函数调整坐标轴

以上调整坐标轴都采用了 axes 下的设置函数，plt 下也可以对坐标轴进行调整，相关函数主要是以下几种。

1. 设置坐标轴范围

（1）plt.xlim(xmin, xmax)：设置 *x* 轴的值范围。

（2）plt.ylim(ymin, ymax)：设置 *y* 轴的值范围。

2. 设置坐标轴刻度

（1）plt.xticks(ticks, labels=None)：设置 *x* 轴的刻度值和对应标签。

（2）plt.yticks(ticks, labels=None)：设置 *y* 轴的刻度值和对应标签。

3. 设置坐标轴标签

（1）plt.xlabel(xlabel, labelpad=None, **kwargs)：设置 x 轴标签及相关参数。

（2）plt.ylabel(ylabel, labelpad=None, **kwargs)：设置 y 轴标签及相关参数。

4. 设置坐标轴方向

（1）plt.gca().invert_xaxis()：反转 x 轴方向。

（2）plt.gca().invert_yaxis()：反转 y 轴方向。

例如：

plt.xlim() 和 plt.ylim() 函数如例 4-14 所示。

示例 4-14：

```
import matplotlib.pyplot as plt
import numpy as np

x = np.linspace(-10, 10, 100)
y = x**2
plt.figure(figsize=(8, 6))
plt.plot(x, y)
plt.xlim(-5, 5)  # 设置 x 轴范围为 [-5, 5]
plt.ylim(0, 30)  # 设置 y 轴范围为 [0, 30]
plt.show()
```

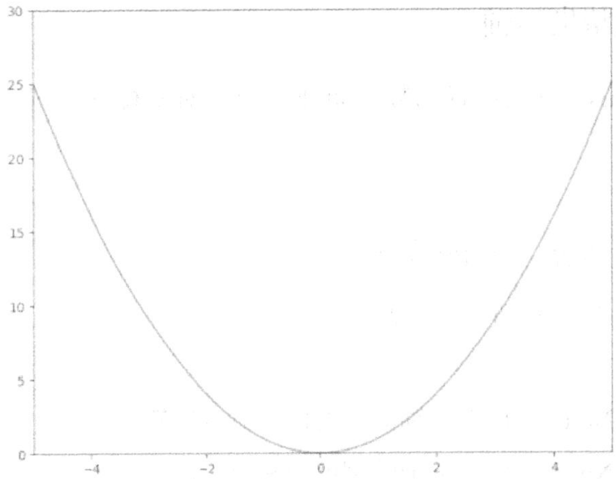

plt.xticks() 和 plt.yticks() 函数如例 4-15 所示。

示例 4-15：

```
x = np.linspace(0, 10, 11)
y = x**2
plt.figure(figsize=(8, 6))
plt.plot(x, y, 'ro-')
plt.xticks([0, 2, 4, 6, 8, 10], ['a', 'b', 'c', 'd', 'e', 'f']) # 设置 x 轴刻度标签
plt.yticks(np.arange(0, 101, 20)) # 设置 y 轴刻度值范围和间隔
plt.show()
```

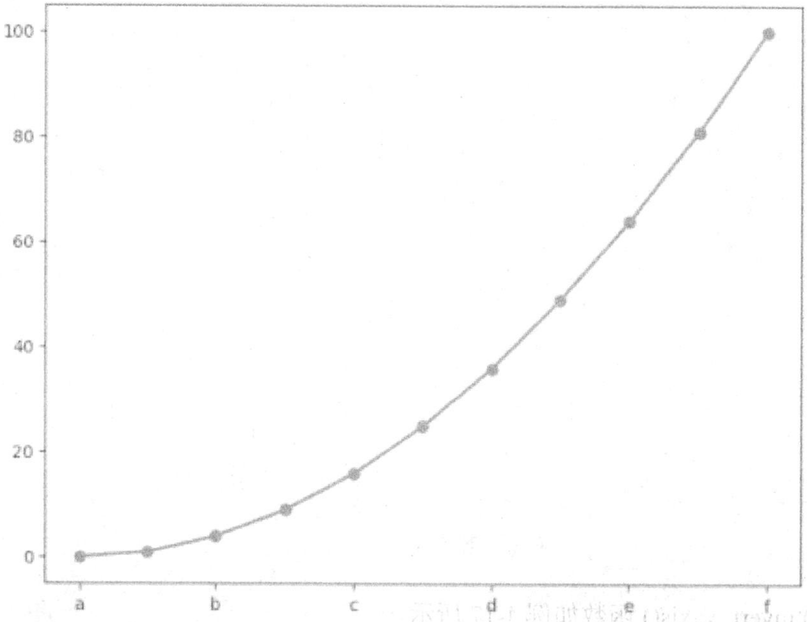

plt.xlabel() 和 plt.ylabel() 函数如例 4-16 所示。

示例 4-16：

```
x = np.linspace(-2*np.pi, 2*np.pi, 100)
y1 = np.sin(x)
y2 = np.cos(x)
```

```
plt.figure(figsize=(8, 6))
plt.plot(x, y1, label='sin(x)')
plt.plot(x, y2, label='cos(x)')
plt.xlabel(' 角度（弧度）', fontsize=14)  # 设置 x 轴标签及字体大小
plt.ylabel(' 振幅 ', fontsize=14, rotation=0)  # 设置 y 轴标签、字体大小及旋转角
度
plt.legend()
plt.show()
```

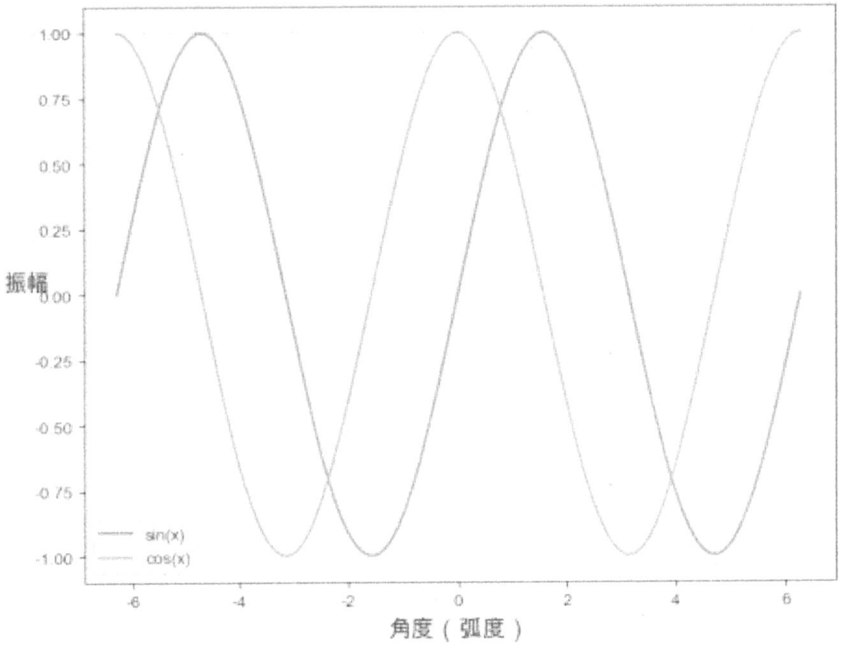

plt.gca().invert_xaxis() 函数如例 4-17 所示。

示例 4-17：

```
x = np.linspace(0, 10, 100)
y = np.sin(x)
plt.figure(figsize=(8, 6))
plt.plot(x, y)
```

```
plt.gca().invert_xaxis() #反转 x 轴
plt.show()
```

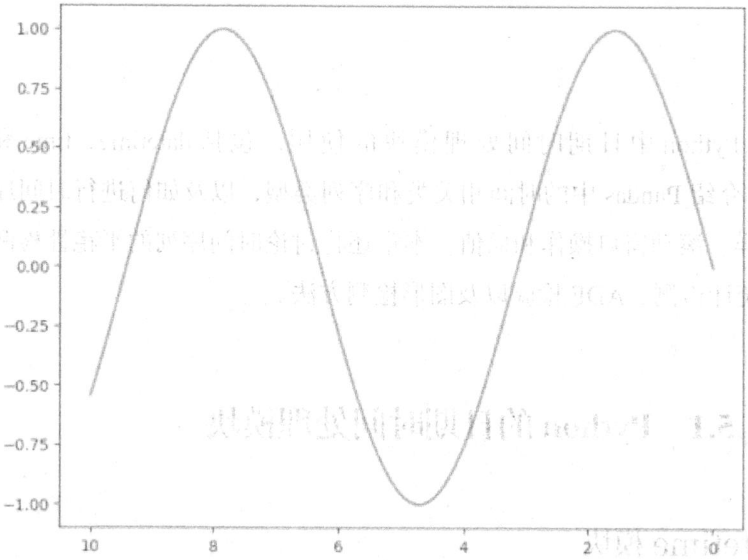

第 5 章　时间序列分析与可视化

本章将介绍 Python 中日期时间处理模块的使用，包括 datetime、time 和 calendar 模块，并介绍 Pandas 中的时间相关类和序列类型，以及如何进行时间序列的运算、重采样、滚动窗口操作和插值。本章还将讨论时间序列的平稳性检测方法，包括描述统计检测、ADF 检验以及图形检测方法。

5.1　Python 的日期时间处理模块

5.1.1 datetime 模块

datetime 模块提供了处理日期和时间的类和函数。常用的类包括：datetime.datetime 用于表示日期时间，datetime.date 用于表示日期，datetime.time 用于表示时间，可以使用这些类来创建、操作和格式化日期时间对象，通过 import datetime 引入该模块。

该模块下主要类如表 5-1 所示。

表 5-1　datatime 模块下主要类

类	描述
datetime.datetime	这是 datetime 模块中最常用的类，用于表示日期和时间的组合。它的构造函数为 datetime(year, month, day, hour=0, minute=0, second=0, microsecond=0, tzinfo=None, *, fold=0)。可以使用它来创建特定日期和时间的对象，进行日期时间的操作和计算
datetime.date	这个类用于表示日期，没有时区信息。它的构造函数为 date(year, month, day)
datetime.time	这个类用于表示时间，没有日期信息。它的构造函数为 time(hour=0, minute=0, second=0, microsecond=0, tzinfo=None, *, fold=0)
datetime.timedelta	这个类用于表示时间间隔，例如两个日期时间之间的差异。它的构造函数为 timedelta(days=0, seconds=0, microseconds=0, milliseconds=0, minutes=0, hours=0, weeks=0)

1. datetime.datetime 类

datetime.datetime 类是 Python 中用于表示日期和时间的组合的主要类之一，允许在一个对象中同时包含日期和时间信息，可以进行各种日期时间操作和计算，其主要属性和方法如表 5-2 所示。

表 5-2 datetime.datetime 类的主要属性和方法

属性 / 方法	描述
year	获取年份
month	获取月份
day	获取日期
hour	获取小时
minute	获取分钟
second	获取秒数
microsecond	获取微秒
date()	返回一个新的 datetime.date 对象，表示与当前 datetime.datetime 对象相同的日期
time()	返回一个新的 datetime.time 对象，表示与当前 datetime.datetime 对象相同的时间
replace()	datetime.replace(year=None, month=None, day=None, hour=None, minute=None, second=None, microsecond=None, tzinfo=None, *, fold=0)：返回一个新的 datetime.datetime 对象，其中一些属性被替换为指定的值

2. datetime.date 类

datetime.date 类是 Python 中用于表示日期的类。它表示的是一个具体的日期，不包含任何时间信息，其主要属性和方法如表 5-3 所示。

表 5-3 datetime.date 类的主要属性和方法

属性 / 方法	描述
year	获取年份
month	获取月份
day	获取日期
replace(year=None, month=None, day=None)	返回一个新的 datetime.date 对象，其中一些属性被替换为指定的值
strftime(format)	将日期对象格式化为字符串
today()	返回表示当前本地日期的 date 对象（类方法）
fromtimestamp(timestamp)	根据给定的时间戳返回一个 date 对象（类方法）
weekday()	返回一个表示星期几的整数，星期一为 0，星期日为 6
isoweekday()	返回一个表示星期几的整数，星期一为 1，星期日为 7
isocalendar()	返回一个包含 ISO 年份、周数和星期几的元组
isoformat()	返回 ISO 格式的日期字符串（‘YYYY-MM-DD’）

3．datetime.time 类

datetime.time 类是 Python 中用于表示时间的类。与 datetime.datetime 类不同，它表示的是一个具体的时间，不包含日期信息，其主要属性和方法如表 5-4 所示。

表 5-4 datetime.time 类的主要属性和方法

属性 / 方法	描述
hour	获取小时
minute	获取分钟
second	获取秒数
microsecond	获取微秒
tzinfo	获取时区信息（如果有）
strftime(format)	将时间对象格式化为字符串
isoformat()	返回 ISO 8601 格式的时间字符串
fromisoformat(time_string)	从 ISO 格式的字符串创建 time 对象（类方法）

4．datetime.timedelta 类

datetime.timedelta 类是 Python 中用于表示时间间隔的类。它可以表示两个日期时间之间的差异，例如两个事件发生的时间间隔，其主要属性和方法如表 5-5 所示。

表 5-5 datetime.timedelta 类的主要属性和方法

属性 / 方法	描述
total_seconds()	返回时间间隔的总秒数
days	获取时间间隔的天数部分
seconds	获取时间间隔的秒数部分
microseconds	获取时间间隔的微秒部分

5．datetime 模块下的函数

在 datetime 模块中，除了包含 datetime.datetime、datetime.date、datetime.time 和 datetime.timedelta 这些类之外，还提供了一些有用的模块级函数。有的为 datetime 模块下函数，有的在 datetime 模块的类中，如表 5-6 所示。

表 5-6 datetime 模块下的主要函数

函数	描述
datetime.now(tz=None)	返回当前的日期和时间。可选参数 tz 是一个时区对象，用于指定时区信息。如果未指定时区，则返回本地日期时间
datetime.today()	返回当前日期的 datetime 对象，它等同于 datetime.now()

续表

函数	描述
datetime.utcnow()	返回当前的 UTC 日期和时间。与 now() 方法类似，但返回的是 UTC 时间而不是本地时间
datetime.fromtimestamp(timestamp, tz=None)	根据时间戳创建一个日期时间对象。可选参数 tz 是一个时区对象，用于指定时区信息
datetime.utcfromtimestamp(timestamp)	根据 UTC 时间戳创建一个日期时间对象，与 fromtimestamp() 方法类似，但返回的是 UTC 时间
datetime.combine(date, time)	将给定的日期对象和时间对象组合成一个日期时间对象
datetime.strptime(date_string, format)	将字符串解析为日期时间对象，需要提供日期时间字符串和对应的格式

strftime 函数中 format 格式如表 5-7 所示。

表 5-7 strftime 函数中 format 格式

格式	描述	格式	描述
%Y	年份，包括世纪部分，以十进制表示	%B	本地完整月份名称。
%y	两位数的年份表示（00～99）	%w	星期（0～6），星期天为星期的开始
%m	月份，以十进制表示，范围从 01 到 12	%W	一年中的星期数（00～53）星期一为星期的开始
%d	日期，以十进制表示，范围从 01 到 31	%I	小时（12 小时制），以十进制表示，范围从 01 到 12
%H	小时（24 小时制），以十进制表示，范围从 00 到 23	%p	本地等效的 AM 或 PM
%M	分钟，以十进制表示，范围从 00 到 59	%x	本地相应的日期表示
%S	秒数，以十进制表示，范围从 00 到 59	%X	本地相应的时间表示
%f	微秒，从 000000 到 999 999	%Z	当前时区的名称
%a	本地缩写星期几的名称	%U	一年中的星期数（00～53）星期天为星期的开始
%A	本地完整星期几的名称	%j	年内的一天（001～366）
%b	本地缩写月份名称	%c	本地相应的日期表示和时间表示

strftime() 和 strptime() 区别如下。

（1）strftime：f 表示 format，表示格式化，和 strptime 正好相反，要求给一个时间对象和输出格式，返回一个时间字符串。

（2）strptime：p 表示 parse，表示分析的意思，所以 strptime 是给定一个时间字符串和分析模式，返回一个时间对象。

（3）strftime() 是 datetime 对象的方法，而 strptime() 是 datetime 类的静态方法。

5.1.2 time 模块

time 模块是 Python 标准库中的一个模块，模块中并没有提供类，但提供了与时间相关的函数，主要用于处理时间的表示、转换和计算，以及与系统时间相关的功能。

小知识：时间戳

时间戳（Timestamp）是指从某一固定时间（通常是 1970 年 1 月 1 日午夜）到当前时间的秒数。

time 模块的常用函数如表 5-8 所示。

表 5-8　time 模块的常用函数

函数	描述
time()	返回当前时间的时间戳（从 1970 年 1 月 1 日午夜开始计算的秒数）
sleep(seconds)	让当前线程休眠指定的秒数
gmtime([seconds])	将时间戳转换为 UTC 时间元组（struct_time）
localtime([seconds])	将时间戳转换为本地时间元组（struct_time）
strftime(format, [tuple])	将时间元组（struct_time）格式化为指定格式的字符串
strptime(string, format)	将字符串解析为时间元组（struct_time）
asctime([tuple])	将时间元组（struct_time）转换为可读的字符串表示形式
perf_counter()	返回一个性能计数器的值，表示从操作系统启动到调用该函数时的时间（以秒为单位）。它可以用于测量代码的执行时间，包括睡眠时间，因此通常用于性能测量和计时
ctime([seconds])	将时间戳转换为字符串。如果不提供参数，则返回当前时间的字符串表示
monotonic()	返回一个单调递增的时间值（以秒为单位）。不受系统时钟调整的影响，常用于测量时间间隔
process_time()	返回当前进程的系统和用户 CPU 时间总和（以秒为单位）。不包括睡眠时间，用于测量 CPU 时间

注意：

（1）struct_time 对象有多个有用的属性，如 tm_year, tm_mon, tm_mday 等，在使用 gmtime() 和 localtime() 时很有用；

（2）strftime() 和 strptime() 函数使用的格式代码与 datetime 模块相同。

5.1.3 calendar 模块

calendar 模块是 Python 标准库中的一个模块，没有提供类，提供了一些用于处理日历的函数。它可以用于生成日历、获取星期几、计算某年某月的天数等。

calendar 模块的常用函数如表 5-9 所示。

表 5-9　calendar 模块的常用函数

函数		描述
生成日历	calendar.month(year, month, *w*=0, *l*=0)	返回一个指定年份和月份的日历字符串。*w* 表示日期列的宽度，*l* 表示每周的行数
	calendar.calendar(year, *w*=2, *l*=1, *c*=6)	返回一个指定年份的日历字符串。*w*, *l* 同上，*c* 表示月份之间的间隔
	calendar.prmonth(year, month, *w*=0, *l*=0)	直接打印指定年份和月份的日历。参数含义同 month() 函数
	calendar.prcal(year, *w*=2, *l*=1, *c*=6)	直接打印指定年份的日历。参数含义同 calendar() 函数
获取日历信息	calendar.weekday(year, month, day)	返回指定日期是星期几（0 表示星期一，6 表示星期日）
	calendar.monthrange(year, month)	返回指定年份和月份的第一天是星期几以及该月的天数
	calendar.isleap(year)	判断指定年份是否为闰年，是返回 True，否则返回 False
	calendar.weekheader(*n*)	返回一个包含星期几缩写的头部字符串，*n* 指定缩写的长度
	calendar.setfirstweekday(weekday)	设置每周的第一天（0 表示星期一，6 表示星期日）

注意：

（1）calendar 模块还提供了 TextCalendar 和 HTMLCalendar 类，用于更灵活地生成文本和 HTML 格式的日历；

（2）默认情况下，日历中每周的第一天是星期一。可以使用 setfirstweekday() 函数来更改这个设置。

示例 5-1：

```
import calendar


# 打印指定年份和月份的日历
print(calendar.month(2024, 4))
# 打印指定年份的日历
print(calendar.calendar(2024))
# 判断指定年份是否为闰年
print(calendar.isleap(2024))
# 获取指定日期是星期几
print(calendar.weekday(2024, 4, 20))
# 获取指定年份和月份的第一天是星期几以及该月的天数
print(calendar.monthrange(2024, 4))
```

5.1.4 采用 Python 内置模块进行时间序列分析的示例

（1）使用 datetime 模块生成 2024 年 4 月 1 日到 2023 年 4 月 30 日的日期范围，并绘制一条包含每日平均气温的折线图，温度采用随机数。

示例 5-2：

```
import datetime
import matplotlib.pyplot as plt
import random
%matplotlib inline
plt.rcParams[‘font.sans-serif’] = [‘Arial Unicode MS’] # 用来正常显示中文
plt.rcParams[‘axes.unicode_minus’] = False # 用来正常显示负号


# 生成日期范围
start_date = datetime.date(2024, 4, 1)
end_date = datetime.date(2024, 4, 30)
```

```
date_range = [start_date + datetime.timedelta(days=i) for i in range((end_date - start_
date).days + 1)]
# 生成随机温度数据
random.seed(2024)
temperatures = [random.randint(10, 30) for i in range(len(date_range))]
# 绘制折线图
plt.figure(figsize=(15, 6))
plt.plot(date_range, temperatures)
plt.xlabel( "日期" )
plt.ylabel( "温度 (°　C)" )
plt.show()
```

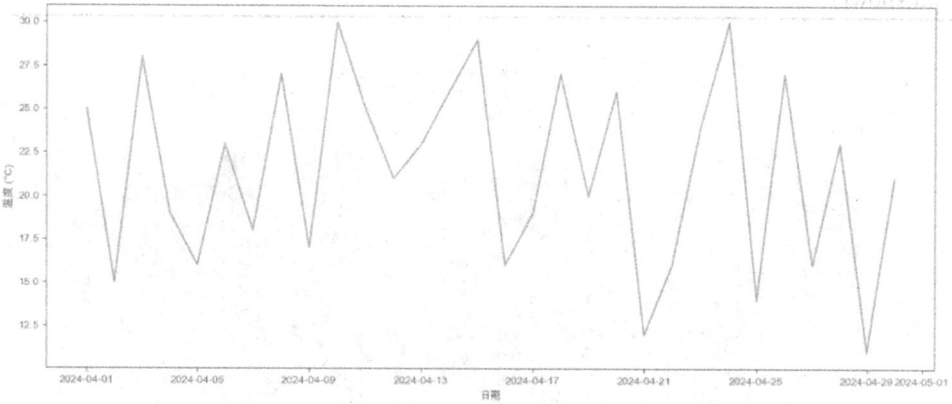

（2）使用 time 模块生成一组随机时间戳，并绘制一个直方图，显示每个小时出现的次数。

示例 5-3：

```
# 生成随机时间戳
random.seed(2024)
timestamps = []
for _ in range(1000):
  random_timestamp = random.randint(0, int(time.time()))
```

```
    timestamps.append(random_timestamp)
# 将时间戳转换为小时
hours = [time.localtime(ts).tm_hour for ts in timestamps]
# 绘制直方图
plt.figure(figsize=(15, 6))
plt.hist(hours, bins=24, edgecolor='black')
plt.xlabel('Hour of the Day')
plt.ylabel('Frequency')
plt.title('Distribution of Hours in Random Timestamps')
plt.xticks(range(24))
plt.grid(True)
plt.show()
```

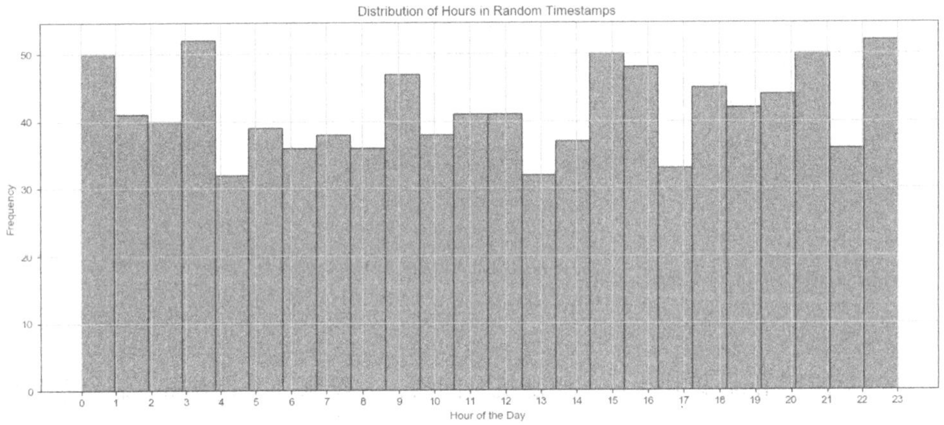

（3）使用 calendar 模块获取 2024 年 4 月的日历，并使用不同的颜色标记周末和工作日。

示例 5-4：

```
# 获取 2024 年 4 月的日历
cal = calendar.monthcalendar(2024, 4)


# 绘制日历
```

```
plt.figure(figsize=(8, 8))
plt.imshow(cal, cmap= "rainbow" )
plt.xlabel( "星期" )
plt.ylabel( "日期" )
# 标记周末和工作日
for i in range(len(cal)):
    for j in range(len(cal[0])):
        if j in [0, 6]:
            plt.text(j, i, cal[i][j], color= "red" , ha= 'center' , va= 'center' )
        else:
            plt.text(j, i, cal[i][j], color= "black" , ha= 'center' , va= 'center' )
plt.show()
```

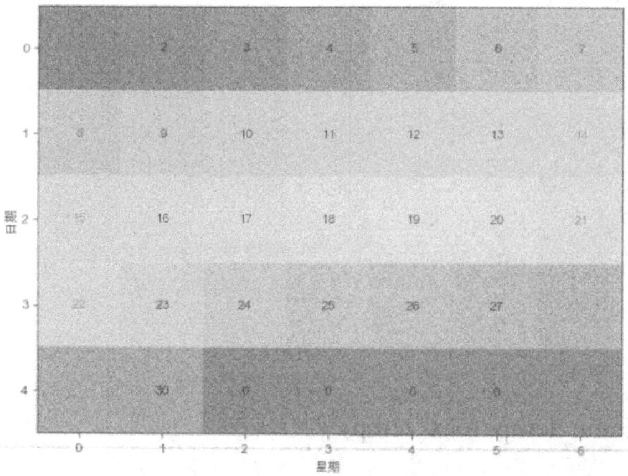

（4）使用 Matplotlib 绘制一个温度计，显示当前温度。

示例 5-5：

```
def draw_thermometer(current_temp, min_temp, max_temp):
    fig, ax = plt.subplots()
    # 绘制温度计
    ax.plot([-0.5, -0.5], [0, 1], color= 'black' , linewidth=4) # 主体线
    ax.plot([-0.6, -0.4], [0, 0], color= 'black' , linewidth=4) # 温度计底座
```

```
    ax.plot([-0.6, -0.4], [1, 1], color='black', linewidth=4) # 温度计顶端
    # 绘制温度计刻度
    for i in range(min_temp, max_temp + 1, 5):
        ax.plot([-0.45, -0.5], [i/50, i/50], color='black', linewidth=2) # 刻度线
        ax.text(-0.55, i/50, str(i), ha='center', va='center', fontsize=12) # 刻度数
字
    # 绘制当前温度
    ax.plot([-0.65, -0.35], [current_temp/50, current_temp/50], color='red',
linewidth=8) # 当前温度线
    # 设置图形属性
    ax.set_xlim(-0.7, 0)
    ax.set_ylim(0, 1)
    ax.axis('off')
    plt.show()

# 温度范围和当前温度（示例）
min_temp = 0
max_temp = 50
current_temp = 35
# 绘制温度计
draw_thermometer(current_temp, min_temp, max_temp)
```

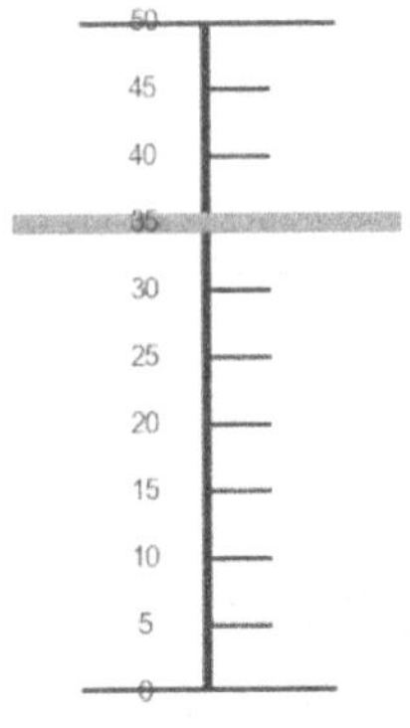

5.2 Pandas 时间序列处理

时间序列处理是指对时间序列数据进行分析、处理、预测和可视化的过程。时间序列数据是按时间顺序排列的一系列观测或测量值，通常是等间隔的时间点记录下的数据，比如每日销售额、每小时温度、每月股票价格等。

时间序列处理是数据科学和机器学习领域中的重要技能之一，在金融、气象、工业生产、销售预测等领域都有广泛的应用。掌握时间序列处理技能可以帮助我们更好地理解和利用时间序列数据，从而进行有效的数据分析和预测。

Pandas 提供了丰富的功能来处理时间序列数据。下面是 Pandas 中用于处理时间序列的一些重要功能。

（1）创建时间序列：Pandas 提供了多种方法来创建时间序列，比如使用 pd.to_datetime() 函数将字符串转换为日期时间格式，使用 pd.date_range() 函数生成连续的日期范围，或者使用 pd.Timestamp() 函数创建单个时间戳。

（2）索引和切片：Pandas 的时间序列数据可以像其他数据结构一样进行索引和切片操作，可以通过日期时间索引或使用 loc[] 方法进行基于标签（显式索引）的索引。

（3）时间重采样：时间重采样是指将时间序列数据从一个频率转换为另一个频率，比如从天到月或从小时到分钟。Pandas 提供了 resample() 方法来执行这种操作，可以对时间序列进行聚合、分组或插值。

（4）时间偏移：Pandas 提供了一组方便的时间偏移工具，比如 pd.DateOffset 和 pd.tseries.offsets 模块，可以对时间序列进行向前或向后的偏移。

（5）时间戳的属性和方法：时间戳对象（Timestamp）有许多属性和方法，比如 year、month、day、hour、minute、second 等，可以方便地提取日期时间的各个部分。

（6）时间序列的运算：可以对时间序列进行算术运算，比如加法、减法、乘法和除法，Pandas 会自动对齐时间索引。

（7）滞后和领先：可以使用 shift() 方法对时间序列进行滞后或领先操作，使得时间序列数据在时间维度上发生位移。

（8）移动窗口函数：Pandas 提供了 rolling() 方法来计算移动窗口统计量，比如移动平均值、移动总和等。

（9）时间戳的格式化：可以使用 strftime() 方法将时间戳格式化为指定的字符串格式，也可以使用 pd.to_datetime() 函数将字符串转换为日期时间格式。

（10）处理时区：Pandas 提供了 tz_localize() 和 tz_convert() 方法来处理时区信息，可以将时间序列从一个时区转换到另一个时区。

5.2.1 Panda 时间相关类

如图 5-1 所示，在 Pandas 中，时间相关的类主要包括以下几种。

（1）Timestamp（时间戳）：Timestamp 是 Pandas 中表示单个时间点的类。它类似 Python 原生的 datetime.datetime，提供了更多的功能和灵活性。Timestamp 对象具有时区、频率和偏移量等属性，可以进行各种时间计算和操作。

（2）DatetimeIndex（日期时间索引）：DatetimeIndex 是 Pandas 中表示时间序列索引的类。它是由一组 Timestamp 对象组成的索引，用于在 Pandas 中对时间序列数据进行索引和切片操作。

（3）Period（时期）：Period 是 Pandas 中表示时间段的类。它用于表示一个固定长度的时间区间，比如一个月、一周、一个季度等。Period 对象具有时期和频率等属性，可以用于时间序列数据的分组和聚合操作。

（4）PeriodIndex（时期索引）：PeriodIndex 是 Pandas 中表示时期序列索引的类。它是由一组 Period 对象组成的索引，用于在 Pandas 中对时期序列数据进行索引和切片操作。

（5）Timedelta（时间差）：Timedelta 是 Pandas 中表示时间间隔的类。它用于表示两个时间点之间的差异，可以表示天、小时、分钟、秒等时间单位的差异。Timedelta 对象可以进行加法、减法等时间计算操作。

（6）TimedeltaIndex（时间差索引）：TimedeltaIndex 是 Pandas 中表示时间间隔序列索引的类。它是由一组 Timedelta 对象组成的索引，用于在 Pandas 中对时间间隔序列数据进行索引和切片操作。

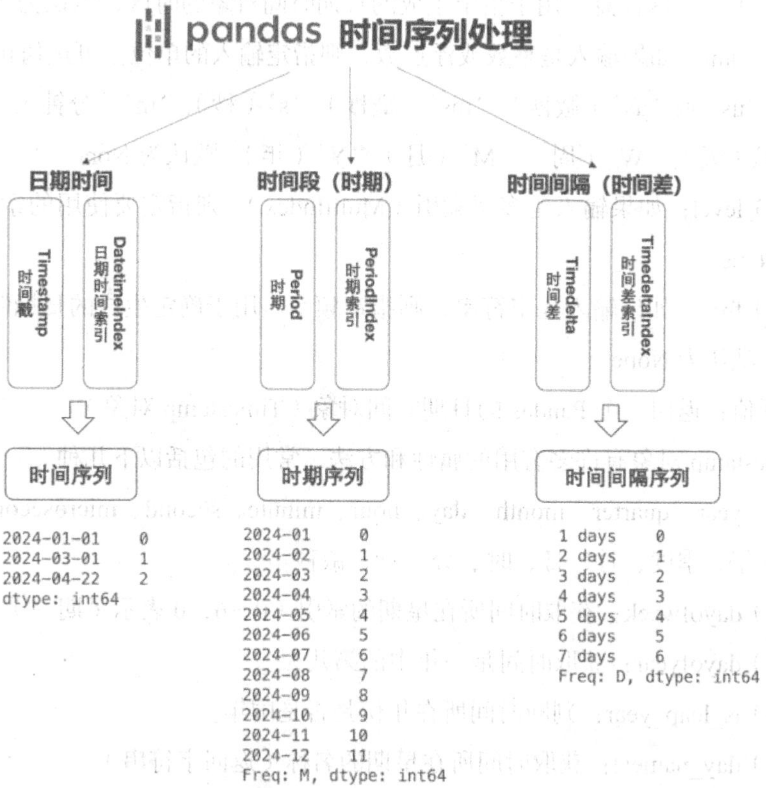

图 5-1　Panda 时间相关类

5.2.1.1 Timestamp 时间戳

Timestamp 类是 Pandas 中用于表示单个时间点的对象。它类似于 Python 标准库中的 datetime.datetime 类，但提供了更多的功能和灵活性，特别是在处理时间序列数据时非常方便。可以使用 pd.Timestamp() 函数创建 Timestamp 对象。它接受多种类型的输入，包括字符串、整数、浮点数、datetime.datetime 对象等。pd.Timestamp() 初始化：

pd.Timestamp(ts_input, tz=None, unit=None, level=None, freq=None)

参数如下。

（1）ts_input：要转换为日期时间的输入。可以是字符串、整数、浮点数、datetime 对象或其他可以转换为日期时间的类型。

（2）tz：时区信息，用于指定生成的日期时间对象的时区，默认为 None。

（3）unit：如果输入是整数或浮点数，则指定输入的单位。可选值包括‘ns’（纳秒）、‘us’或‘μs’（微秒）、‘ms’（毫秒）、‘s’（秒）、‘m’（分钟）、‘h’（小时）、‘D’（天）、‘W’（周）、‘M’（月）、‘Y’（年）。默认为 None。

（4）level：如果输入是多层索引（MultiIndex），则指定要使用的索引级别。默认为 None。

（5）freq：如果输入是字符串，则指定频率。用于确定生成的日期时间对象的频率。默认为 None。

返回值：返回一个 Pandas 的日期时间对象（Timestamp 对象）。

Timestamp 对象有许多有用的属性和方法，常用的包括以下几种。

（1）year、quarter、month、day、hour、minute、second、microsecond：获取时间的年、季度、月、日、时、分、秒、微秒。

（2）dayofweek：获取时间所在星期的索引（0～6，0 表示星期一）。

（3）dayofyear：获取时间是一年中的第几天。

（4）is_leap_year：判断时间所在年份是否是闰年。

（5）day_name()：获取时间所在星期的名称（返回字符串）。

（6）weekday()：获取时间所在星期的索引（0～6，0 表示星期一）。

（7）isoweekday()：获取时间所在星期的索引（1～7，1 表示星期一）。

（8）to_pydatetime()：将 Timestamp 对象转换为 datetime.datetime 对象。

（9）strftime()：将 Timestamp 对象格式化为字符串。

（10）tz_localize()、tz_convert()：设置或转换时区信息。

Timestamp 对象支持各种时间运算，可以进行加法、减法、比较等操作。

示例 5-6：

```
# 时间加法
ts_sum = ts1 + pd.Timedelta(days=1)
print(ts_sum)
# 时间减法
ts_diff = ts1 - ts2
```

```
print(ts_diff)
# 比较时间大小
print(ts1 > ts2)
```

2024-04-02 12:00:00
11 days 07:33:20
True

Timestamp 类是 Pandas 中表示单个时间点的核心类之一，可以方便地进行时间属性的提取、格式化、时区转换等操作，以及时间运算和比较。通过 Timestamp 对象，可以方便地处理时间序列数据，并进行各种分析和操作。

Pandas 中有关时间的函数采用 freq 参数表示时间序列频率。Pandas 规定了一些字符串别名，可以用于 freq 参数取值，这些别名在 Pandas 相关函数中通用。如表 5-10 所示。

表 5-10　freq 参数取值

别名	描述	别名	描述	别名	描述
B	工作日频率	BMS	工作月开始频率	BH	营业时间频率
D	日历日频率	Q	季末频率	H	小时频率
W	每周频率	BQ	工作季度结束频率	T	每分钟频率
M	月末频率	QS	季度开始频率	S	每秒钟频率
SM	半月结束频率	BQS	工作季度开始频率	L	毫秒
BM	工作月结束频率	A	年终频率	U	u 微妙
MS	月开始频率	BA	工作年度结束频率	N	纳秒
SMS	半月开始频率	BAS	工作年度开始频率		

5.2.1.2 DatetimeIndex 日期时间索引

DatetimeIndex 是 Pandas 中用于表示时间序列索引的对象。它是由一组 Timestamp 对象组成的索引，用于在 Pandas 中对时间序列数据进行索引和切片操作。可以使用多种方法创建 DatetimeIndex 对象，其中最常见的方法是使用 pd.date_range() 函数生成一组连续的日期时间索引。函数原型：

```
pd.date_range(start=None, end=None, periods=None, freq='D', tz=None,
        normalize=False, name=None, closed=None, **kwargs)
```

参数如下。

（1）start：开始日期时间，可以是字符串、datetime 对象或者其他可以转换为日期时间的类型。默认为 None。

（2）end：结束日期时间，可以是字符串、datetime 对象或者其他可以转换为日期时间的类型。默认为 None。

（3）periods：生成日期时间的长度，整数型。与 start 和 end 参数互斥，如果指定了 periods，则会忽略 start 和 end。

（4）freq：日期时间序列的频率，字符串型。

（5）tz：时区信息，用于指定生成的日期时间序列的时区。默认为 None。

（6）normalize：如果为 True，则将生成的日期时间索引的时间部分归一化为 00:00:00。默认为 False。

（7）name：日期时间索引的名称，字符串型。默认为 None。

（8）closed：用于指定区间的开闭，可以是 'left' 'right' 或 None。默认为 None。

（9）**kwargs：其他参数，用于传递给 pandas.date_range() 内部的函数。

返回值：返回一个 DatetimeIndex 对象，包含了生成的日期时间序列。

DatetimeIndex 对象有许多有用的属性和方法，常用的包括以下几种。

（1）year、month、day、hour、minute、second、microsecond：获取索引中时间点的年、月、日、时、分、秒、微秒。

（2）dayofweek、day_name：获取索引中时间点所在星期的索引（0～6）和星期名称。

（3）is_leap_year：判断索引中时间点所在年份是否是闰年。

（4）tz_localize()、tz_convert()：设置或转换索引中时间点的时区信息。

DatetimeIndex 对象可以用于在 Pandas 中对时间序列数据进行索引和切片操作。

5.2.1.3 Period 时期

Period 类是 Pandas 中用于表示时间段的对象。它用于表示一个固定长度的时间区间，比如一个月、一周、一个季度等。Period 对象具有时期和频率等属性，可以用于时间序列数据的分组和聚合操作。pd.Period() 函数是 Pandas 中用于创建时间时期对象的函数。它接受多种类型的输入，并返回一个 Period 对象，表示指定时间点的时期。函数原型：

pd.Period(value, freq=None, year=None, month=None, day=None, quarter=None)

参数如下。

（1）value：指定时间点的值，可以是整数、字符串、日期时间对象等。

（2）freq：指定时期的频率，如果不指定，则会根据输入的值自动确定频率。

（3）year、month、day、quarter：如果 value 是整数，则可以使用这些参数来指定时期的年、月、日、季度等信息。

注意：

（1）如果 value 是整数，则会根据输入的值自动确定时期的频率；

（2）如果 freq 参数未指定，则会根据输入的值自动确定频率；

（3）如果 value 是整数，还可以使用 year、month、day、quarter 参数来指定时期的年、月、日、季度等信息。

Period 对象有许多有用的属性和方法，常用的包括以下几种。

（1）year、quarter、month、day：获取时期的年、季度、月、日等属性。

（2）start_time、end_time：获取时期的起始时间点和结束时间点（不包含在时期内）。

（3）asfreq()：将时期转换为指定频率的时期。

（4）to_timestamp()：将时期转换为 Timestamp 对象。

（5）strftime()：将时期格式化为字符串。

5.2.1.4 PeriodIndex 时期索引

PeriodIndex 是 Pandas 中用于表示时期序列索引的对象，它是由一组 Period 对象组成的索引，用于在 Pandas 中对时期序列数据进行索引和切片操作。pd.period_range() 函数是 Pandas 中用于生成一组连续的时期序列的函数。它返回一个 PeriodIndex 对象，表示指定范围内的一组连续时期。函数原型：

pd.period_range(start=None, end=None, periods=None, freq=None, name=None)

参数如下。

（1）start 和 end 参数用于指定时期序列的起始和结束时间。可以是字符串、Period 对象或其他可解释为时期的对象。

（2）periods 参数用于指定要生成的时期数量，如果同时指定了 start 和 end，则会忽略 periods。

（3）freq 参数用于指定时期的频率，可以是字符串（如‘D’表示天，‘M’表示月）或 DateOffset 对象。默认为 None，表示根据 start 和 end 的差值自动确定频率。

（4）name 参数用于指定时期索引的名称。

注意：

（1）如果同时指定了 start 和 end 参数，则会根据这两个参数的值生成指定范围内的连续时期序列；

（2）如果未指定 start 和 end 参数，而是指定了 periods 参数，则会生成从当前时间开始的指定数量的连续时期序列；

（3）如果未指定 freq 参数，则会根据 start 和 end 的差值自动确定频率。

示例 5-7：

```
# 生成一个连续的月份序列
periods = pd.period_range(start= '2024-01' , end= '2024-12' , freq= 'M' )
print(periods)
```

PeriodIndex(['2024-01' , '2024-02' , '2024-03' , '2024-04' , '2024-05' , '2024-06' ,
'2024-07' , '2024-08' , '2024-09' , '2024-10' , '2024-11' , '2024-12'],
dtype= 'period[M]')

PeriodIndex 对象具有许多有用的属性和方法，常用的包括以下几种。

（1）year、quarter、month、day：获取索引中时期的年、季度、月、日等属性。

（2）start_time、end_time：获取索引中时期的起始时间和结束时间。

（3）asfreq()：将索引中的时期转换为指定频率的时期。

（4）to_timestamp()：将索引中的时期转换为 Timestamp 对象。

（5）strftime()：将索引中的时期格式化为字符串。

示例 5-8：

```
# 获取索引中时期的年、季度、月、日等属性
print(periods.year)
print(periods.quarter)
print(periods.month)
print(periods.day)
# 获取索引中时期的起始时间和结束时间
print(periods.start_time)
print(periods.end_time)
# 将索引中的时期转换为指定频率的时期
periods_daily = periods.asfreq(‘D’, how=‘end’)
print(periods_daily)
# 将索引中的时期转换为 Timestamp 对象
ts = periods.to_timestamp()
print(ts)
# 格式化索引中的时期为字符串
str_format = periods.strftime(‘%Y-%m’)
print(str_format)
```

PeriodIndex 对象可以用于在 Pandas 中对时期序列数据进行索引和切片操作。

示例 5-9：

```
# 创建一个时期序列数据
periods = pd.period_range(start=‘2024-01’, end=‘2024-5’, freq=‘M’)
data = pd.Series([1, 2, 3, 4, 5], index=periods)
# 使用 PeriodIndex 进行索引和切片操作
print(data[‘2024-01’])
print(data[‘2024’])
print(data[‘2024-01’:‘2024-03’])
```

1

```
2024-01    1
2024-02    2
2024-03    3
2024-04    4
2024-05    5
Freq: M, dtype: int64
2024-01    1
2024-02    2
2024-03    3
Freq: M, dtype: int64
```

通过 PeriodIndex 对象，可以方便地处理时期序列数据，并进行各种分析和操作。

5.2.1.5 Timedelta 时间差

Timedelta 是 Pandas 中用于表示时间间隔的对象，它表示两个日期或时间之间的差异，可以是天、小时、分钟、秒、毫秒等单位的时间间隔。pd.Timedelta() 函数是 Pandas 中用于创建时间间隔对象的函数。它接受多种类型的输入，并返回一个 Timedelta 对象，表示指定时间间隔。函数原型：

pd.Timedelta(value, unit=None)

参数如下。

（1）value：指定时间间隔的值，可以是整数、浮点数、字符串等。

（2）unit：指定时间间隔的单位，可以是字符串或 DateOffset 对象。如果不指定，则根据输入的值自动确定单位。

注意：

（1）如果 value 是字符串，则会根据字符串中的内容自动识别时间间隔的值和单位；

（2）如果 unit 参数未指定，则会根据输入的值自动确定单位。

Timedelta 对象有许多有用的属性和方法，常用的包括以下几种。

（1）days、seconds、microseconds、nanoseconds：获取时间间隔的天数、秒数、微秒数和纳秒数。

（2）total_seconds()：获取时间间隔总共的秒数。

（3）floor()、ceil()：向下或向上取整。

（4）round()：四舍五入取整。

Timedelta 对象支持各种时间运算，可以进行加法、减法、乘法、除法等操作。

通过 Timedelta 对象，可以方便地处理时间序列数据中的时间间隔，并进行各种分析和操作。

5.2.1.6 TimedeltaIndex 时间差索引

TimedeltaIndex 是 Pandas 中用于表示时间间隔序列索引的对象。它是由一组 Timedelta 对象组成的索引，用于在 Pandas 中对时间间隔序列数据进行索引和切片操作。pd.timedelta_range() 函数是 Pandas 中用于生成一组连续的时间间隔序列的函数。它返回一个 TimedeltaIndex 对象，表示指定范围内的一组连续时间间隔。函数原型：

```
pd.timedelta_range(start=None, end=None, periods=None, freq=None, name=None)
```

参数如下。

（1）start 和 end 参数用于指定时间间隔序列的起始和结束时间。可以是字符串、Timedelta 对象或其他可解释为时间间隔的对象。

（2）periods 参数用于指定要生成的时间间隔数量，如果同时指定了 start 和 end，则会忽略 periods。

（3）freq 参数用于指定时间间隔的频率，可以是字符串（如‘D’表示天，‘H’表示小时）或 DateOffset 对象。默认为 None，表示根据 start 和 end 的差值自动确定频率。

（4）name 参数用于指定时间间隔索引的名称。

注意：

（1）如果同时指定了 start 和 end 参数，则会根据这两个参数的值生成指定范围内的连续时间间隔序列；

（2）如果未指定 start 和 end 参数，而是指定了 periods 参数，则会生成从零开始的指定数量的连续时间间隔序列；

（3）如果未指定 freq 参数，则会根据 start 和 end 的差值自动确定频率。

示例 5-10：

```
# 生成一个连续的时间间隔序列，从 0 到 10 天，步长为 1 天
td_index = pd.timedelta_range(start='1 days', end='10 days', freq='1D')
td_index
```

```
TimedeltaIndex(['1 days', '2 days', '3 days', '4 days', '5 days',
           '6 days', '7 days', '8 days', '9 days', '10 days'],
          dtype='timedelta64[ns]', freq='D')
```

TimedeltaIndex 对象具有许多有用的属性和方法，常用的包括以下几种。

（1）days、seconds、microseconds、nanoseconds：获取索引中时间间隔的天数、秒数、微秒数和纳秒数。

（2）total_seconds()：获取索引中时间间隔总共的秒数。

（3）floor()、ceil()：向下或向上取整。

（4）round()：四舍五入取整。

示例 5-11：

```
# 获取索引中时间间隔的天数、秒数、微秒数和纳秒数
print(td_index.days)
print(td_index.seconds)
print(td_index.microseconds)
print(td_index.nanoseconds)
# 获取索引中时间间隔总共的秒数
print(td_index.total_seconds())
# 向下或向上取整
print(td_index.floor('H')) # 向下取整到小时
print(td_index.ceil('H'))  # 向上取整到小时
# 四舍五入取整
print(td_index.round('H')) # 四舍五入取整到小时
```

TimedeltaIndex 对象可以用于在 Pandas 中对时间间隔序列数据进行索引和切片操作。

示例 5-12：

```
# 创建一个时间间隔序列数据
data = pd.Series(range(10), index=td_index)
# 使用 TimedeltaIndex 进行索引和切片操作
print(data['2 days'])
print(data['2 days':'5 days'])
```

```
1
2 days    1
3 days    2
4 days    3
5 days    4
Freq: D, dtype: int64
```

通过 TimedeltaIndex 对象，可以方便地处理时间间隔序列数据，并进行各种分析和操作。

5.2.2 Pandas 中时间相关序列

在 Pandas 中，时间序列、时期序列和时间间隔序列都可以表示为带有时间索引的 Series 或 DataFrame。时间索引是一个由日期、时间或其他时间戳组成的有序数组。

5.2.2.1 时间序列

时间序列是按照时间顺序排列的一系列数据点的集合。在 Pandas 中，时间序列通常表示为带有 DatetimeIndex 的 Series 或 DataFrame。DatetimeIndex 是一个由日期时间值组成的索引对象。

创建时间序列的方法包括：

（1）使用 pd.to_datetime() 将日期时间字符串转换为 Pandas 的时间戳对象；

（2）使用 pd.date_range() 创建连续的日期时间索引；

（3）使用 pd.Series() 函数创建带有时间戳的序列；

（4）从外部数据源加载时间序列数据。

Pandas 提供了多种方法来创建时间序列，包括以下几种。

1）使用 pd.to_datetime() 函数将字符串转换为日期时间类型。

示例 5-13：

```
# 创建一个包含日期字符串的列表
dates = [ '2024-01-01' , '2024-03-01' , '2024-04-22' ]
# 使用 pd.to_datetime() 将字符串转换为日期时间类型
datetime_series = pd.to_datetime(dates)
# 打印日期时间类型
print(datetime_series)
# 将 datetime_series 作为索引
data = pd.Series(range(len(datetime_series)), index=datetime_series)
print(data)
```

```
DatetimeIndex(['2024-01-01', '2024-03-01', '2024-04-22'], dtype='datetime64[ns]',
freq=None)
2024-01-01    0
2024-03-01    1
2024-04-22    2
dtype: int64
```

pd.to_datetime() 函数原型：

```
pd.to_datetime(arg, errors= 'raise' , format=None, utc=None, infer_datetime_
                    format=False, origin= 'unix' , cache=True)
```

参数如下。

（1）arg：要转换的对象，可以是字符串、整数、浮点数、列表、Series 等。

（2）errors：指定如何处理转换错误，默认为'raise'，即出现错误时抛出异常。其他可选值包括'coerce'（将错误值转换为 NaT，Not a Time）和'ignore'（忽略错误值）。

（3）format：指定输入字符串的格式。如果未提供，则 Pandas 将尝试根据输入推断日期时间格式。

（4）utc：如果为 True，则将结果转换为 UTC 时间。

（5）infer_datetime_format：如果为 True，则尝试根据输入自动推断日期时间格式。这样做可能会加快转换速度，但可能不够准确。

（6）origin：如果输入是整数或浮点数，则指定原始日期时间的基准点，默认为 Unix 时间戳（1970-01-01）。

（7）cache：如果为 True，则启用缓存以加快重复调用的速度。

（8）unit：（可选）用于指定整数型输入的时间单位。当输入参数为整数时，unit 参数会告诉 Pandas 如何解释这个整数，从而将其转换为日期时间对象。可选单位：

```
'ns'：纳秒
'us'或'μs'：微秒
'ms'：毫秒
's'：秒
'm'：分钟
'h'：小时
'D'：天
'W'：周
'M'：月
'Y'：年
```

返回值：返回一个 pandas.Series、pandas.DatetimeIndex 或 pandas.Timestamp 对象，具体取决于输入的类型。

2）使用 pd.date_range() 函数生成日期时间范围。

示例 5-14：

```
# 生成从 2024-01-01 到 2024-12-31 的日期时间范围
date_range = pd.date_range('2024-01-01','2024-12-31')
# 打印日期时间范围
print(date_range)
```

DatetimeIndex(['2024-01-01','2024-01-02','2024-01-03','2024-01-04',

```
'2024-01-05', '2024-01-06', '2024-01-07', '2024-01-08',
'2024-01-09', '2024-01-10',
...
'2024-12-22', '2024-12-23', '2024-12-24', '2024-12-25',
'2024-12-26', '2024-12-27', '2024-12-28', '2024-12-29',
'2024-12-30', '2024-12-31'],
dtype='datetime64[ns]', length=366, freq='D')
```

3）使用 pd.Series() 函数创建带有时间戳的序列。

示例 5-15：

```
# 创建一个包含时间戳的列表
timestamps = [pd.Timestamp('2024-01-01 00:00:00'),
pd.Timestamp('2024-02-01 00:00:00'),
          pd.Timestamp('2024-03-01 00:00:00')]
# 使用 pd.Series() 创建带有时间戳的序列
timestamp_series = pd.Series(timestamps)
# 打印时间戳序列
print(timestamp_series)
```

```
0   2024-01-01
1   2024-02-01
2   2024-03-01
dtype: datetime64[ns]
```

5.2.2.2 时期序列

时期序列是表示一段时间的对象，通常用于处理周期性数据，例如季度或月份。在 Pandas 中，时期序列通常表示为带有 PeriodIndex 的 Series 或 DataFrame。PeriodIndex 是一个由时期值组成的索引对象。

创建时期序列的方法包括：

（1）使用 pd.period_range() 创建连续的时期索引；

（2）从外部数据源加载时期序列数据。

5.2.2.3 时间间隔序列

时间间隔序列表示时间上的持续时间，通常用于表示两个日期或时间之间的差异。在 Pandas 中，时间间隔序列通常表示为带有 TimedeltaIndex 的 Series 或 DataFrame。TimedeltaIndex 是一个由 Timedelta 对象组成的索引对象。Timedelta 对象可以表示从纳秒到年的各种时间单位。

创建时间间隔序列的方法包括：

（1）使用 pd.timedelta_range() 创建连续的时间间隔索引；

（2）使用 pd.Timedelta() 或 pd.to_timedelta() 创建单个或多个时间间隔；

（3）通过日期时间对象的减法操作；

（4）从外部数据源加载时间间隔序列数据。

5.2.2.4 三种时间序列区别

总结：

（1）时间序列用于表示按照时间顺序排列的数据；

（2）时期序列用于表示一段时间，通常用于处理周期性数据；

（3）时间间隔序列用于表示时间上的持续时间，通常用于表示两个日期或时间之间的差异。

表 5-11 描述理解这三者差异。

表 5-11　三种时间序列差异

时间序列类型	时间索引	举例
时间序列	DatetimeIndex	每日温度采集
时期序列	PeriodIndex	季度销售额数据
时间间隔序列	TimedeltaIndex	计算每个任务花费的时间

例如：

（1）时间序列：假设有一组每日的温度记录，按照日期顺序排列。这些数据形成了一个时间序列，其中每个数据点都与特定的日期对应。

（2）时期序列：假设有一组季度销售额数据，我们希望按季度对其进行分析。这些数据形成了一个时期序列，其中每个数据点都代表一个季度。

（3）时间间隔序列：假设有一组任务完成时间和开始时间，想要计算每个任务花费的时间。这些数据形成了一个时间间隔序列，其中每个数据点表示两个日期或时间之间的差异。例如，以下是一个时间间隔序列的示例。

示例 5-16：

```
# 创建时间间隔序列
start_dates = pd.to_datetime([ '2024-01-01' , '2024-01-03' , '2024-01-05' ])
end_dates = pd.to_datetime([ '2024-04-02' , '2024-04-08' , '2024-04-09' ])
time_intervals = end_dates - start_dates
print(time_intervals)
```

TimedeltaIndex(['92 days' , '96 days' , '95 days'], dtype= 'timedelta64[ns]' , freq=None)

5.2.3 时间序列相互转换

1. 将时间戳转换为 Period 对象

在 Pandas 中，to_period() 用于将时间戳或日期时间对象转换为 Period 对象，用法：

DataFrame.to_period(freq=None, axis=0, copy=True)

Series.to_period(freq=None, copy=True)

参数如下。

（1）freq（可选）：表示 Period 的频率，可以是字符串（例如："D""M""Q"等）或 pandas.offsets 模块中定义的频率对象。如果不指定频率，则将根据数据自动推断。

（2）axis（可选）：指定转换的轴向，对于 DataFrame 对象，默认值为 0（行索引），对于 Series 对象，默认值为 0。

（3）copy（可选）：指定是否复制数据，默认为 True。

返回值：

（1）如果是 DataFrame 对象，则返回转换后的 DataFrame 对象；

（2）如果是 Series 对象，则返回转换后的 Series 对象。

示例 5-17：

```
# 创建一个日期时间对象
datetime_obj = pd.Timestamp('2024-04-12 12:00:00')
# 将日期时间对象转换为 Period 对象 b
period = datetime_obj.to_period(freq='D')
print(period)
```

2024-04-12

上述示例中，首先创建了一个日期时间对象 datetime_obj，然后使用 to_period() 方法将其转换为 Period 对象，频率是天（“D”）。这将把时间戳 datetime_obj 映射到以天为单位的时间区间（Period），并且丢弃了时、分、秒等更精确的时间信息。Period 对象的开始和结束时间由频率决定，例如，对于频率为天的 Period 对象，开始时间是当天的零点，结束时间是次日的零点。

2. 将字符串、时间戳或者时间序列数据转换为时间戳

在 Pandas 中，to_timestamp() 用于将时间序列数据转换为时间戳对象。用法：

DataFrame.to_timestamp(freq=None, how='start', axis=0, copy=True)

Series.to_timestamp(freq=None, how='start', copy=True)

参数如下。

（1）freq（可选）：表示时间戳的频率，可以是字符串（例如：“D”“M”“Q”等）或 pandas.offsets 模块中定义的频率对象。如果不指定频率，则将根据数据自动推断。

（2）how（可选）：指定时间戳的转换方式，可以是“start”或“end”。如果是“start”，则将时间戳转换为指定频率区间的起始时间，如果是“end”，则将时间戳转换为指定频率区间的结束时间。

（3）axis（可选）：指定转换的轴向，对于 DataFrame 对象，默认值为 0（行索引），对于 Series 对象，默认值为 0。

（4）copy（可选）：指定是否复制数据，默认为 True。

返回值：

（1）如果是 DataFrame 对象，则返回转换后的 DataFrame 对象；

（2）如果是 Series 对象，则返回转换后的 Series 对象。

下面例子显示将 Series 中的 Period 对象转换为 Timestamp。

示例 5-18：

```
# 创建一个 Series，其中包含 Period 对象
periods = pd.Series([pd.Period('2024-01'), pd.Period('2024-02'),
pd.Period('2024-03')])
# 将 Series 中的 Period 对象转换为 Timestamps
timestamps = periods.dt.to_timestamp()
print(timestamps)
```

```
0   2024-01-01
1   2024-02-01
2   2024-03-01
dtype: datetime64[ns]
```

下面例子将 DataFrame 中 Period 转换为 Timestamp。

示例 5-19：

```
# 创建一个包含 Period 对象的 DataFrame
data = {'periods': [pd.Period('2024-01'), pd.Period('2024-02'),
pd.Period('2024-03')],
        'values': [10, 20, 30]}
df = pd.DataFrame(data)
# 将 DataFrame 的'periods'列转换为 Timestamps
df['timestamps'] = df['periods'].dt.to_timestamp()
print(df)
```

```
  periods  values timestamps
0  2024-01      10 2024-01-01
1  2024-02      20 2024-02-01
2  2024-03      30 2024-03-01
```

Series 对象的 dt 属性用于访问日期时间相关信息，它属于 DatetimeProperties

类型。通过 dt 属性，可以方便地访问日期时间相关的属性和方法，例如年、月、日、小时、分钟、秒等。

示例 5-20：

```
# 创建一个包含日期的 Series
s = pd.Series(pd.date_range('2023-01-01', periods=3, freq='D'))
# 访问日期时间相关属性
print("Year:", s.dt.year)
print("Month:", s.dt.month)
print("Day:", s.dt.day)
print("Hour:", s.dt.hour)
print("Minute:", s.dt.minute)
print("Second:", s.dt.second)
```

3. 将数据转换为时间间隔（timedelta）

pd.to_timedelta() 函数用于将输入的数值、字符串，或者 timedelta 对象转换为 timedelta 对象。它是用于处理时间间隔或持续时间的一个便捷方法。函数原型：

pd.to_timedelta(arg, unit='ns', errors='raise')

参数如下。

（1）arg：需要转换为时间增量的参数，可以是单个值、列表、数组、Series 或 DataFrame。

（2）unit：可选参数，指定输入参数的时间单位，默认为纳秒（'ns'）。可以是 'D'（天）、's'（秒）、'ms'（毫秒）、'us'（微秒）等。

（3）errors：可选参数，指定如何处理转换错误，默认为 'raise'，即抛出异常。可以设置为 'coerce'，将无法转换的值替换为 NaT（Not a Time）。

返回值：返回一个 Series 或 DataFrame，其中包含转换后的时间增量对象。

示例 5-21：

```
# 将字符串转换为时间增量对象，默认单位为纳秒
time_str = '2 days 12:30:05'
timedelta_obj = pd.to_timedelta(time_str)
```

```
print(timedelta_obj)
```

2 days 12:30:05

最后总结 Pandas 中的时间相关序列：在 Pandas 中，时间序列数据可以分为三种类型：时间序列（Datetime）、时期序列（Period）、时间间隔序列（Timedelta）。如图 5-2 所示，针对这三种类型的序列数据，Pandas 提供了一系列函数来进行创建、转换和处理。

（1）时间序列创建函数。

① pd.date_range()：生成指定时间范围内的日期时间索引。

② pd.to_datetime()：将字符串、整数、浮点数、序列或 DataFrame 对象中的数据转换为日期时间对象。

③ to_timestamp()（定义在 Series 和 DataFrame 下）：将日期时间对象、周期对象或者字符串转换为时间戳对象。

（2）时期序列创建函数。

① pd.period_range()：生成指定周期范围内的周期索引。

② to_period()：将字符串、日期时间对象、序列或 DataFrame 对象中的数据转换为周期对象，用于表示时间段。

（3）间隔序列创建函数。

① pd.timedelta_range()：生成指定时间间隔范围内的时间增量索引。

② pd.to_timedelta()：将字符串、整数、浮点数、序列或 DataFrame 对象中的数据转换为时间增量对象，用于表示时间间隔或持续时间。

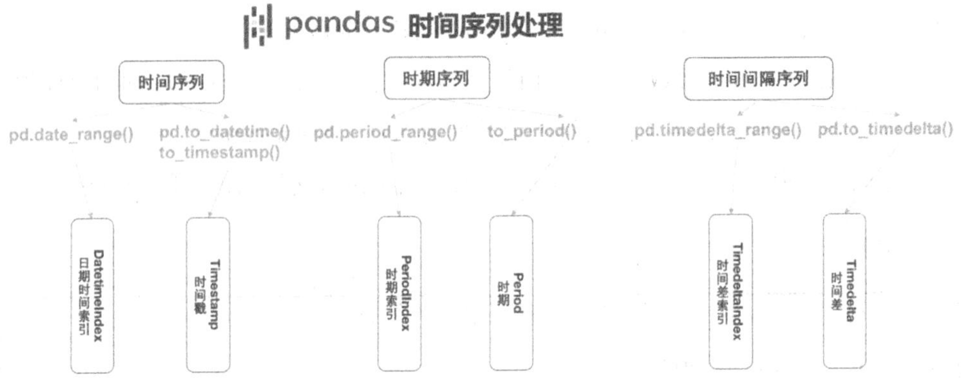

图 5-2　Pandas 时间序列相关函数

第 6 章 Seaborn 可视化

本章将全面介绍 Seaborn 的各种绘图函数和数据结构，涵盖散点图、折线图、箱线图、热图等多种图表类型。通过大量示例，读者将掌握利用 Seaborn 进行高效数据可视化的技能，增强数据分析能力。

6.1 Seaborn 概述

Seaborn 是一个基于 Matplotlib 的 Python 数据可视化库，建立在 Matplotlib 之上，提供了更高级别、更美观、更简单的接口来创建各种统计图形。以下是 Seaborn 区别于 matplotlib 一些主要特点和功能。

（1）内置数据集：Seaborn 内置了一些常用的数据集，可以直接加载并进行可视化，用于学习测试。

（2）统计功能：Seaborn 集成了常用统计算法，可以直接可视化统计结果。例如，sns.histplot() 可以直接绘制直方图并拟合核密度估计。

（3）复杂图形功能：Seaborn 提供了复杂图形的高级抽象表示功能。例如，使用 FacetGrid 可以创建多面板图形。

（4）样式和配色方案：Seaborn 具有视觉样式和配色方案设置功能，内置多种预定义的样式和配色方案，可轻松创建美观的图表。

（5）分类数据的支持：Seaborn 可以处理分类数据。例如，sns.catplot() 可以用于绘制分类变量的关系图。

（6）与 Pandas 集成：Seaborn 与 Pandas、NumPy 紧密集成，可以直接接受 Pandas 数据结构作为输入，并且能够与 Pandas 的数据操作和处理方法配合使用。

Seaborn 的全称是“Seaborn: statistical data visualization”，或者“Seaborn: Python data visualization library based on matplotlib”。Seaborn 的 GitHub 仓库：https://github.com/mwaskom/seaborn

Seaborn 与 Matplotlib 对比如表 6-1 所示。

表 6-1　Seaborn 与 Matplotlib 的对比

对比项目	Seaborn	Matplotlib
设计理念	专注于统计可视化，提供高级别接口	提供底层绘图功能，设计更灵活
默认样式	更美观、更适合数据分析和报告	相对简单，需要自定义和调整
可视化类型	专注于统计图形，提供高级统计图形函数	提供丰富的绘图功能，几乎可绘制任何类型的图形
数据集集成	内置常用数据集，方便快速上手和测试	不直接集成数据集，需要用户自行导入和处理数据
适用场景	数据分析和探索阶段，快速创建统计图形	需要底层控制和高度定制的图形需求

总的来说，Matplotlib 更适合需要底层控制和高度定制的图形需求，而 Seaborn 则更适合快速创建美观的统计图形，方便数据分析和可视化。在实际应用中，它们可以结合使用，根据需求选择合适的工具。

以下是 Seaborn 库的一些主要功能列表。

（1）内置数据集支持：Seaborn 内置了一些常用的数据集，用户可以直接加载并进行可视化，方便快速上手和测试。

（2）与 Pandas 集成：Seaborn 与 Pandas 紧密集成，可以直接接受 Pandas 数据结构作为输入，并且能够与 Pandas 的数据操作和处理方法配合使用。

（3）样式控制：Seaborn 允许用户对图形的各个方面进行自定义，包括标签、图例、标题、轴线等。

（4）统计可视化：Seaborn 提供了一系列函数和方法，用于创建各种统计图形，包括但不限于以下几种。

① 关系图。

散点图：用于可视化两个变量之间的关系。

折线图：用于显示两个变量之间的连续关系。

关系图：可视化两个变量之间的关系。

联合图：用于显示两个变量的散点图以及每个变量的单变量分布图。

多变量成对关系图：用于展示每对变量之间的散点图和每个变量的单变量分布图。

② 分类图。

分类散点图：可视化分类变量的不同级别上绘制散点来显示数据的分布情况。

分类分布图：比较不同类别之间的数据分布特征。

分类估计图：展示不同类别之间数值变量的估计值及其置信区间。

③ 分布图。

直方图：显示数据的频率分布。

密度图：显示数据的平滑密度估计。

边际毛毯图：显示一维数据在轴上的分布情况。

④ 回归图。

回归图：显示因变量和自变量之间的线性关系。

残差图：可视化回归模型的残差，即观测值与回归线之间的差异。

⑤ 矩阵图。

矩阵热图：用于显示矩阵中的数据。颜色强度表示值的大小。

聚类图：能够对数据进行聚类分析，并按照行和列对数据进行聚类，并可视化聚类结果。

（5）多面板绘图：Seaborn 提供了 FacetGrid 对象，用于轻松创建多面板图形，支持对数据进行更细粒度的分析和比较。

（6）颜色调色板：Seaborn 提供了多种预定义的颜色调色板，用于更好地区分数据类别，并且支持用户自定义调色板。

6.2　安装和使用 Seaborn

Seaborn 的安装。

（1）采用 pip 工具安装：pip install seaborn。

（2）采用 conda 安装：conda install seaborn。

Seaborn 使用：

1）直接载入 Seaborn 库并使用。

例如加载并绘制其中一个示例数据集。

示例 6-1：

```
import seaborn as sns
import matplotlib.pyplot as plt # seaborn 建立在 matplotlib 之上，这里载入
matplotlib.pyplot 用于显示图形

df = sns.load_dataset( "penguins" ) # 加载名为 "penguins" 的示例数据集
sns.pairplot(df, hue= "species" )   # 使用 pairplot 函数绘制数据集的双变量关系
图，并根据 "species" 列进行着色
plt.show() # 显示图表，没有这行语句也可以显示，但是会出现对象名
```

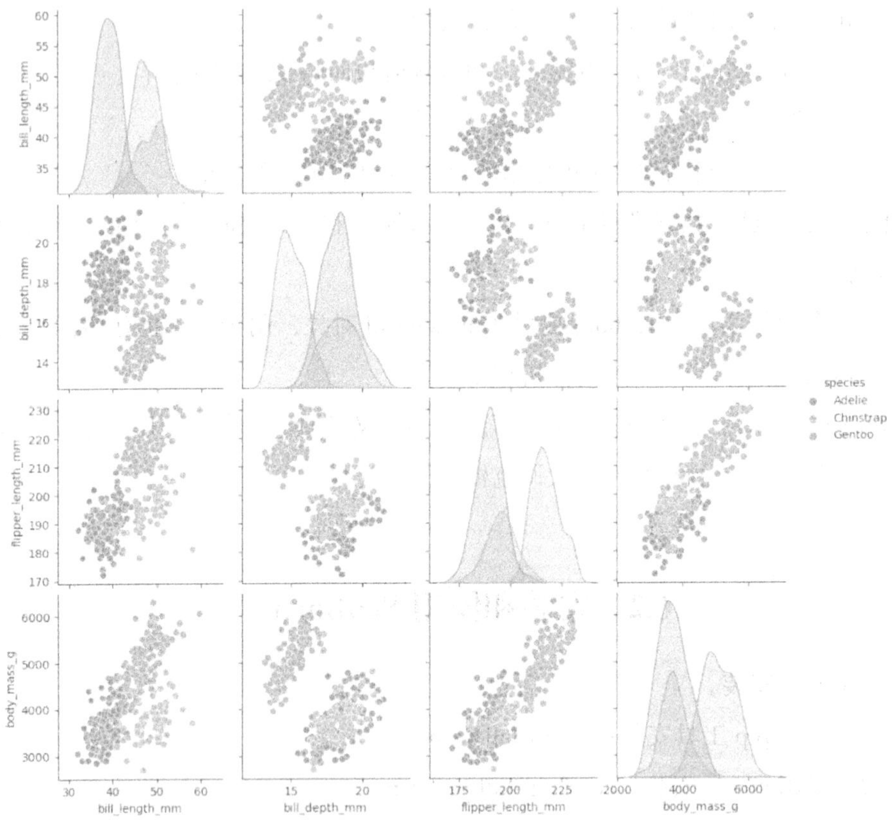

2）在 Matplotlib 中使用 seaborn 风格。

在 Matplotlib 中可以使用 Seaborn 风格，Seaborn 库在 Matplotlib 中已经注册了一个名为 seaborn 的样式，可以通过 plt.style.use('seaborn') 调用。

示例 6-2：

```
import matplotlib.pyplot as plt
%matplotlib inline
# 使用 Seaborn 风格
plt.style.use( “seaborn” )
#seaborn 使用中文：使用 matplotlib 设置中文
plt.rcParams[ ‘font.sans-serif’ ] = [ ‘Arial Unicode MS’ ] # SimHei.ttf
plt.rcParams[ ‘axes.unicode_minus’ ] = False
import warnings
warnings.filterwarnings( ‘ignore’ )

# 创建一个简单的折线图
x = [1, 2, 3, 4, 5]
y = [2, 3, 5, 7, 11]
plt.plot(x, y)
plt.title( “Seaborn 风格折线图” )
plt.xlabel( “X” )
plt.ylabel( “Y” )
plt.show()
```

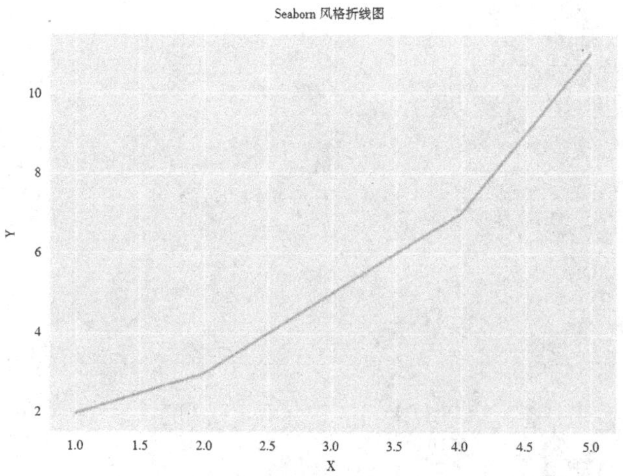

通过执行 plt.style.use(“seaborn”)，Matplotlib 会应用 Seaborn 的默认样式，使得绘制的图形具有 Seaborn 风格的外观。

3）sns.set()（老版本）或 sns.set_theme()（新版本）使用 Seaborn 的默认设置。

sns.set() 用于设置绘图的默认参数，包括样式、颜色调色板等。调用 sns.set() 时，Seaborn 会应用其默认设置。

通常在开始绘制图形之前调用 sns.set()，以确保所有的绘图都按照 Seaborn 的默认设置进行。

示例 6-3：

```
import matplotlib.pyplot as plt


# 设置 Seaborn 的默认参数
sns.set()
# 或
sns.set_theme()
# 创建一个简单的散点图
tips = sns.load_dataset( “tips” )
sns.scatterplot(x= “total_bill” , y= “tip” , data=tips)
plt.show()
```

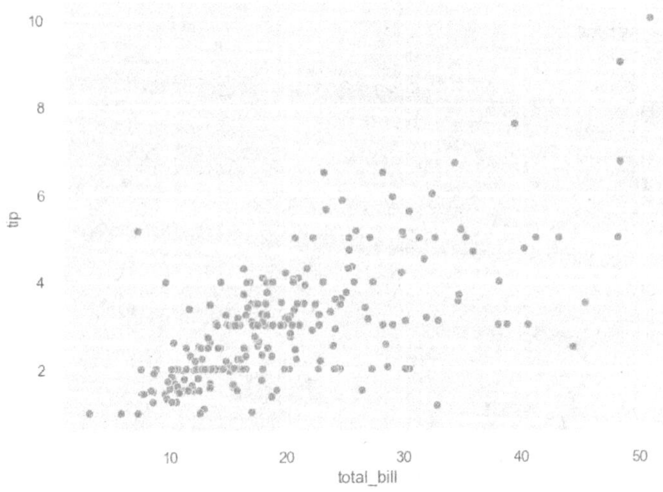

小知识：如何列出一个 Python 库中的所有子模块

列出一个 Python 库中的所有子模块，可以使用 Python 的 pkgutil 模块。pkgutil 模块提供了一个函数 walk_packages()，可以用于遍历指定模块中的所有子模块。

例如：

```
import pkgutil


def list_submodules(package_name):
  # 使用 pkgutil.walk_packages() 遍历指定库中的所有子模块
  for importer, modname, ispkg in pkgutil.walk_packages(package_name.__path__,
prefix=package_name.__name__+ '.' ):
      print(modname)


# 调用函数并传入库的名称
list_submodules(sns)
```

6.3　Seaborn 使用的数据结构

6.3.1 Seaborn 绘制函数接收的数据类型

Seaborn 中的绘图函数支持的传入数据类型主要包括：DataFrame、Series、Numpy 数组、Python 列表或元组。

（1）DataFrame：Seaborn 的绝大部分绘图函数都支持直接传入 Pandas DataFrame 类型的数据。

（2）Series：除了 DataFrame 外，Seaborn 的一些绘图函数也支持直接传入 Pandas Series 类型的数据。

示例 6-4：

```
# 创建一个简单的 Series
data = pd.Series([10, 20, 30, 40, 50], name='values')
# 使用 Series 绘制柱状图
sns.barplot(x=data.index, y=data.values)
plt.title('传入 Series 绘制柱状图')
plt.xlabel('索引')
plt.ylabel('值')
plt.show()
```

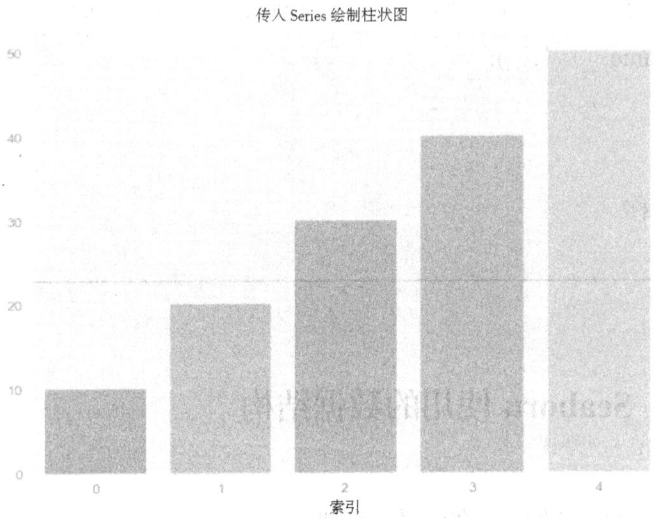

（3）NumPy 数组：Seaborn 的绘图函数也支持直接传入 NumPy 数组类型的数据。

示例 6-5：

```
import numpy as np


# 创建一个简单的 NumPy 数组
data = np.random.randn(100)
# 使用 NumPy 数组绘制箱线图
```

```
sns.boxplot(x=data)
plt.title('传入 NumPy 数组绘制箱线图')
plt.xlabel('值')
plt.show()
```

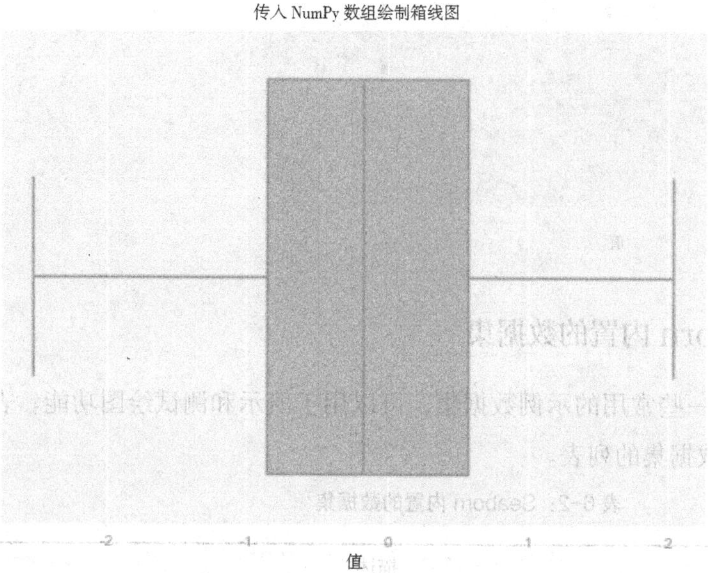

（4）Python 列表或元组：一些简单的绘图函数也支持直接传入 Python 列表或元组类型的数据。

示例 6-6：

```
# 创建一个简单的 Python 列表
data = [1, 2, 2, 3, 3, 3, 4, 4, 4, 4, 5, 5, 5, 5, 5]
# 使用 Python 列表绘制直方图
sns.histplot(data, bins=5, kde=True)
plt.title('传入 Python 列表绘制直方图')
plt.xlabel('值')
plt.ylabel('频率')
plt.show()
```

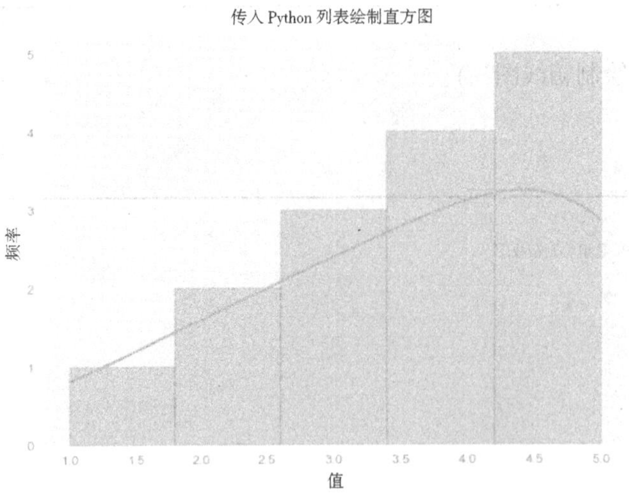

6.3.2 Seaborn 内置的数据集

Seaborn 内置了一些常用的示例数据集，可以用于演示和测试绘图功能。表 6-2 是 Seaborn 内置数据集的列表。

表 6-2：Seaborn 内置的数据集

数据集名称	描述
anagrams.csv	实验数据集，用于测试语言能力和注意力的实验结果
anscombe.csv	Anscombe's Quartet 数据集，包含了四组具有相同统计特性但不同分布的二维数据
attention.csv	注意力测试的实验数据集，用于研究认知能力和注意力的变化
brain_networks.csv	人类大脑中不同区域之间的连接信息，用于神经科学研究
car_crashes.csv	美国不同州的汽车事故统计数据，包括了每个州的人口、每百万人的酒驾事故、速度超限事故等
dataset_names.txt	Seaborn 内置数据集的名称列表
diamonds.csv	钻石的相关信息，如克拉数、颜色、切割质量、价格等
dots.csv	一组模拟的数据，用于展示分类数据的分布情况
dowjones.csv	道琼斯指数（Dow Jones industrial average）的历史数据
exercise.csv	一组锻炼数据，包括了不同锻炼方法的时间、心率和人的性别
flights.csv	某个航空公司每个月的飞行乘客人数数据
fmri.csv	功能性核磁共振成像（functional magnetic resonance imaging）的实验数据

续表

数据集名称	描述
geyser.csv	黄石国家公园的喷泉（geyser）喷发时间的统计数据
glue.csv	化学实验中胶水的黏度数据
healthexp.csv	世界各国的医疗开支数据，包括了人均医疗开支、医疗开支占 GDP 的比例等
iris.csv	鸢尾花的相关信息，包括花萼长度、花萼宽度、花瓣长度、花瓣宽度等
mpg.csv	不同汽车型号的燃油效率数据，包括公里每加仑的行驶里程、引擎排量、气缸数等
penguins.csv	南极企鹅的一些信息，包括种类、体重、鳍长、鳍深等
planets.csv	已发现的外行星的一些信息，包括发现时间、质量、半径等
seaice.csv	北极海冰的月度覆盖面积数据
taxis.csv	纽约市出租车的行程数据，包括行程时间、距离、费用、乘客数量等
tips.csv	餐厅小费的相关信息，包括顾客人数、总账单金额、小费金额、就餐时间等
titanic.csv	泰坦尼克号乘客的一些信息，包括乘客的性别、年龄、船舱等级、是否幸存等

数据集的 csv 文件可以直接在 github 上下载：https://github.com/mwaskom/seaborn-data。

可以使用 Seaborn 的 load_dataset() 函数加载这些数据集，并在绘图过程中使用。例如：

```
# 加载 tips 数据集
tips = sns.load_dataset("tips")
# 加载 iris 数据集
iris = sns.load_dataset("iris")
# 加载 flights 数据集
flights = sns.load_dataset("flights")
# 加载 exercise 数据集
exercise = sns.load_dataset("exercise")
# 加载 car_crashes 数据集
car_crashes = sns.load_dataset("car_crashes")
```

下面的例子加载 taxis 数据集，并绘制了四种类型的图形：散点图、箱线图、柱状图和折线图。

示例 6-7：

```
# 加载 taxis 数据集
taxis = sns.load_dataset( "taxis" )
# 显示加载的 dataframe
print(taxis.head())
# 加载 taxis 数据集
taxis = sns.load_dataset( "taxis" )
# 设置图形布局
fig, axes = plt.subplots(2, 2, figsize=(12, 10))
# 绘制直方图
sns.histplot(taxis[ 'fare' ], bins=20, kde=True, ax=axes[0, 0])
axes[0, 0].set_title( 'Histogram' )
# 绘制箱线图
sns.boxplot(y= "fare" , data=taxis, ax=axes[0, 1])
axes[0, 1].set_title( 'Box Plot' )
# 绘制小提琴图
sns.violinplot(y= "fare" , data=taxis, ax=axes[1, 0])
axes[1, 0].set_title( 'Violin Plot' )
# 绘制密度图
sns.kdeplot(taxis[ 'fare' ], ax=axes[1, 1])
axes[1, 1].set_title( 'Density Plot' )
plt.tight_layout()
plt.show()
```

```
            pickup             dropoff  passengers  distance  fare   tip  \
0 2019-03-23 20:21:09 2019-03-23 20:27:24           1      1.60   7.0  2.15
1 2019-03-04 16:11:55 2019-03-04 16:19:00           1      0.79   5.0  0.00
2 2019-03-27 17:53:01 2019-03-27 18:00:25           1      1.37   7.5  2.36
3 2019-03-10 01:23:59 2019-03-10 01:49:51           1      7.70  27.0  6.15
```

```
4 2019-03-30 13:27:42 2019-03-30 13:37:14          3      2.16  9.0  1.10

   tolls  total   color     payment            pickup_zone  \
0   0.0  12.95  yellow  credit card         Lenox Hill West
1   0.0   9.30  yellow         cash  Upper West Side South
2   0.0  14.16  yellow  credit card           Alphabet City
3   0.0  36.95  yellow  credit card               Hudson Sq
4   0.0  13.40  yellow  credit card           Midtown East

           dropoff_zone pickup_borough dropoff_borough
0     UN/Turtle Bay South      Manhattan       Manhattan
1   Upper West Side South      Manhattan       Manhattan
2            West Village      Manhattan       Manhattan
3          Yorkville West      Manhattan       Manhattan
4          Yorkville West      Manhattan       Manhattan
```

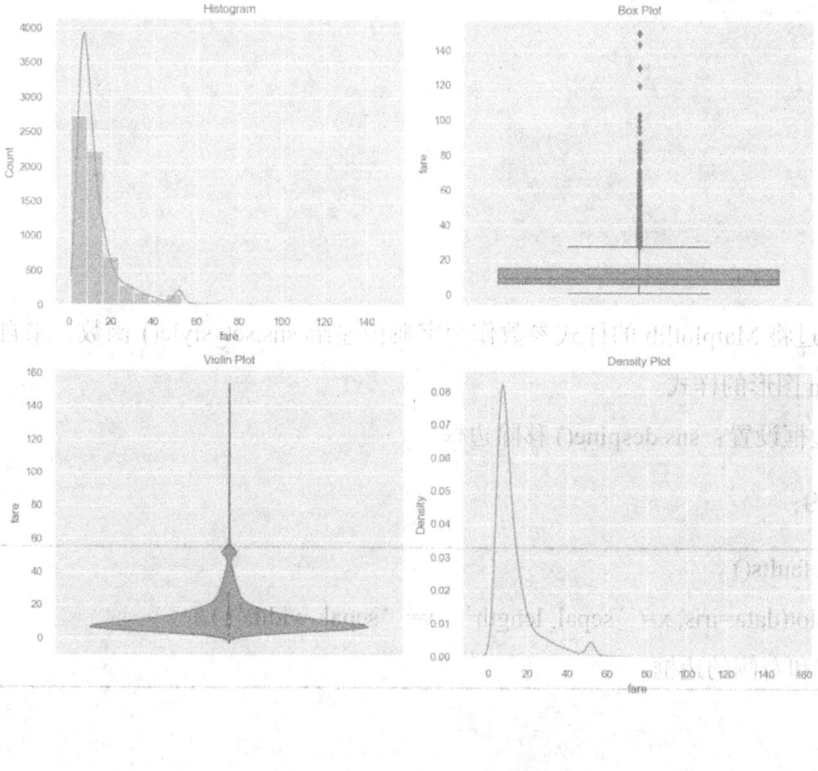

6.4 Seaborn 参数设置

Seaborn 提供了许多参数设置，用于定制图形的外观和行为，有一些参数采用 Seaborn 的函数进行设置，有一些采用 Matplotlib 的函数设置。下面是一些常用的 Seaborn 参数设置示例：

（1）样式设置：使用 sns.set_style() 函数设置整体图形的样式，包括背景、网格线等。例如：sns.set_style(“whitegrid”)。

示例 6-8：

```
sns.set_style("whitegrid")
sns.histplot(data=flights, x='passengers')
plt.show()
```

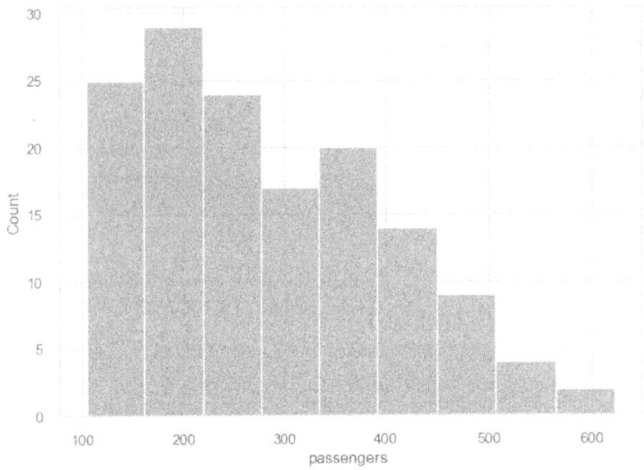

可以通过将 Matplotlib 的样式参数作为字典传递给 sns.set_style() 函数，来自定义 Seaborn 图形的样式。

（2）边框设置：sns.despine() 移除边框。

示例 6-9：

```
sns.reset_defaults()
sns.scatterplot(data=iris, x='sepal_length', y='sepal_width')
# 移除上方和右侧的边框
```

```
sns.despine()
plt.show()
```

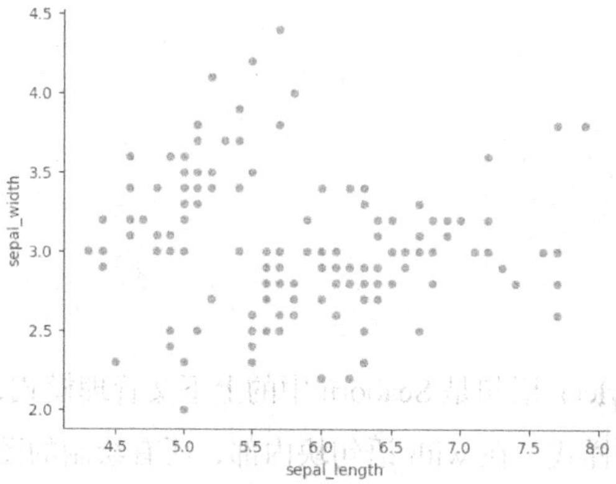


```
sns.scatterplot(data=iris, x='sepal_length', y='sepal_width')
# 移除上方和右侧的边框，并设置边框与轴线的距离为 20，同时将数据限制在轴线内部
sns.despine(offset=20, trim=True)
plt.show()
```

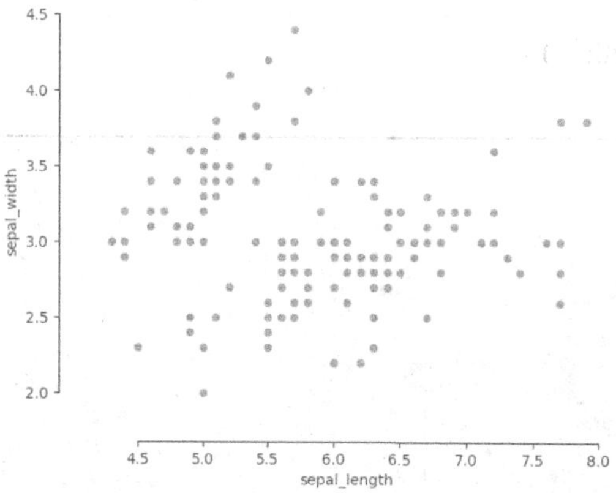


```
sns.scatterplot(data=iris, x='sepal_length', y='sepal_width')
# 移除左侧的轴线
sns.despine(left=True)
plt.show()
```

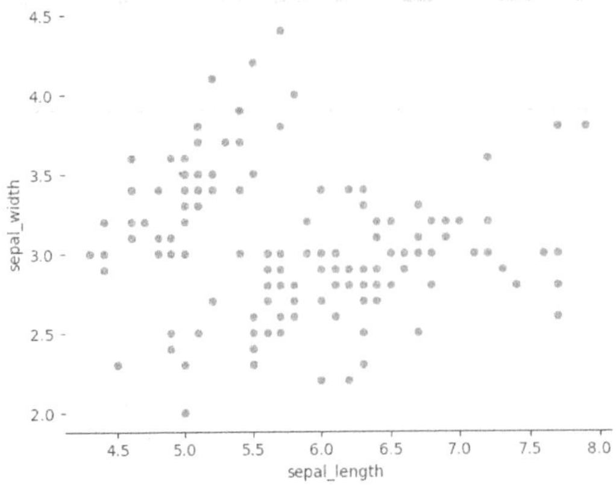

（3）上下文管理：with sns.axes_style(): 语句是 Seaborn 中的上下文管理模式，用于在特定的代码块中临时设置图形的样式。在 with 语句块内部，所有绘制的图形都将采用指定的样式，而在 with 语句块之外，则恢复到默认的样式设置。

示例 6-10：

```
sns.scatterplot(data=iris, x='sepal_length', y='sepal_width')
# 在特定代码块内部使用 darkgrid 样式
with sns.axes_style("darkgrid"):
    # 绘制另一个图形，例如直方图
    sns.histplot(data=iris, x='sepal_length')
plt.show()
```

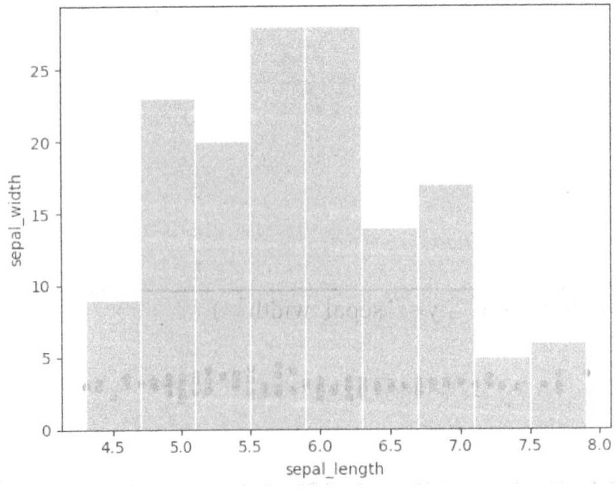

上述示例中，首先绘制了一个散点图，然后在 with 语句块内部使用了 darkgrid 样式绘制了一个直方图。在 with 语句块之外，图形样式将恢复到默认设置。

sns.set_style() 是 Seaborn 中用于设置图形样式的函数。它允许用户在绘制图形之前设置整体图形的外观，包括背景、网格线、轴线等。函数原型：

sns.set_style(style=None, rc=None)

参数如下。

① style 参数用于指定要使用的图形样式，可以选择以下五种预定义的样式之一。

'darkgrid'：深色网格样式，适合在黑色背景上显示。

'whitegrid'：浅色网格样式，适合在白色背景上显示。

'dark'：深色样式，背景为黑色，不带网格线。

'white'：浅色样式，背景为白色，不带网格线。

'ticks'：带有刻度线的样式，背景为白色，不带网格线。常用于对比度较强的图形。

② rc 参数用于设置绘图样式参数，可以进一步定制图形的外观。

（4）恢复缺省设置：sns.reset_defaults() 函数用于将 Seaborn 库的所有参数设置恢复到默认状态。这样可以清除任何之前设置的自定义样式、颜色调色板等，使得 Seaborn 库重新回到初始状态。

示例 6-11：

```
# 绘制散点图
sns.scatterplot(data=iris, x='sepal_length', y='sepal_width')
# 对 Seaborn 库进行一些自定义设置
sns.set_style("whitegrid")
sns.set_palette("pastel")
# 绘制直方图
sns.histplot(data=iris, x='sepal_length')
# 重置所有参数设置为默认状态
```

```
sns.reset_defaults()
# 绘制图形，此时将恢复到默认设置
sns.scatterplot(data=iris, x='sepal_length', y='sepal_width')
plt.show()
```

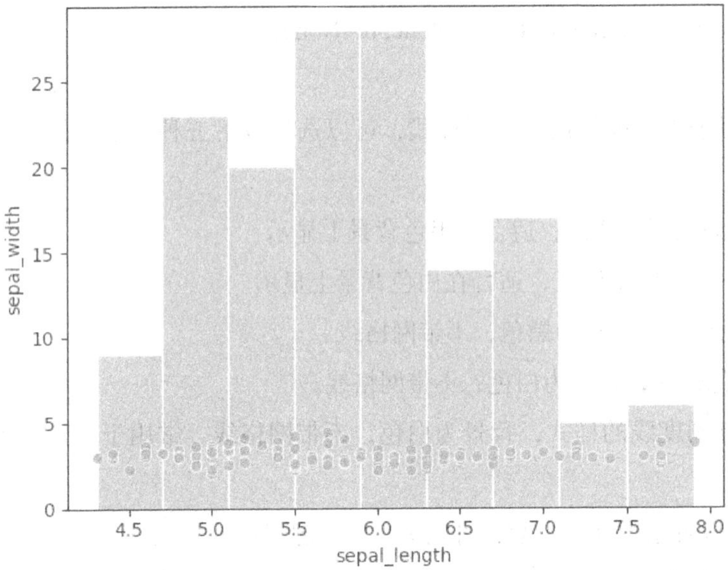

上述示例中，首先进行了一些 Seaborn 库的自定义设置，然后使用 sns.reset_defaults() 函数将所有参数设置恢复到默认状态，最后绘制了另一个图形，此时 Seaborn 库将恢复到默认设置。

（5）调色板设置：使用 sns.set_palette() 函数设置颜色调色板，用于绘制不同类别的数据。例如：sns.set_palette("pastel")。

sns.set_palette() 是 Seaborn 中用于设置颜色调色板的函数。它允许用户在绘制图形之前设置数据点、线条、柱状图等元素的颜色。函数原型：

```
sns.set_palette(palette='deep', n_colors=None, desat=None, color_codes=False)
```

参数如下。

① palette 参数用于指定要使用的颜色调色板。可以选择以下几种方式之一。

字符串：表示预定义的颜色调色板名称，例如 'deep' 'pastel' 'dark' 等。常见的预定义调色板有 'deep' 'muted' 'bright' 'pastel' 'dark' 'colorblind' 等。

列表或数组：表示自定义的颜色列表，可以包含任意数量的颜色值，如［‘blue’‘green’‘red’］。

字典：表示自定义的颜色映射字典，将类别映射到颜色，如｛‘A’：‘blue’，‘B’：‘green’，‘C’：‘red’｝。

② n_colors 参数用于指定调色板中的颜色数量。当 palette 参数为字符串时，可以使用 n_colors 参数来指定要使用的颜色数量，例如 sns.set_palette(“deep”, n_colors=8)。

③ desat 参数用于调整颜色的饱和度，范围从 0 到 1。当 desat 参数设置为小于 1 的值时，颜色会变得更加淡化。

④ color_codes 参数用于控制是否使用 matplotlib 的默认颜色编码。当设置为 True 时，将使用 matplotlib 的默认颜色编码（如‘b’表示蓝色），而不是 Seaborn 的颜色调色板。

（6）字体设置：使用 sns.set_context() 函数设置字体大小和比例。例如：sns.set_context(“paper”)。

sns.set_context() 是 Seaborn 中用于设置图形上下文环境的函数。它允许用户在绘制图形之前设置整体图形的大小和字体大小，以适应不同的展示环境。函数原型：

sns.set_context(context=‘notebook’, font_scale=1, rc=None)

参数如下。

① context 参数用于指定图像大小的上下文环境，有四个选项可供选择。

‘paper’：适合在论文中使用的图像大小。

‘talk’：适合在演讲或演示中使用的图像大小。

‘poster’：适合在海报或大型显示中使用的图像大小。

‘notebook’：适合在笔记本或普通显示中使用的图像大小，默认值为‘notebook’。

② font_scale 参数用于设置字体大小的缩放比例，默认值为 1。通过调整此参数可以增加或减少字体的大小。

③ rc 参数用于设置绘图样式参数，可以进一步定制图形的外观。

（7）轴标签旋转：与 Matplotlib 相同，使用 plt.xticks(rotation=45) 和 plt.yticks(rotation=45) 设置 *x* 轴和 *y* 轴标签的旋转角度。

（8）图形尺寸设置：与 Matplotlib 相同，使用 plt.figure(figsize=(width, height)) 设置图形的尺寸大小，其中，width 和 height 分别表示宽度和高度。

（9）坐标轴范围设置：与 Matplotlib 相同，使用 plt.xlim() 和 plt.ylim() 设置 x 轴和 y 轴的显示范围。

（10）坐标轴刻度设置：与 Matplotlib 相同，使用 plt.xticks() 和 plt.yticks() 设置 *x* 轴和 *y* 轴的刻度值，以及刻度标签的格式。

（11）坐标轴刻度位置设置：与 Matplotlib 相同，使用 plt.tick_params() 函数设置坐标轴刻度的位置、方向、长度、宽度和颜色。

（12）标题和标签设置：与 Matplotlib 相同，使用 plt.title() 设置图形的标题，使用 plt.xlabel() 和 plt.ylabel() 设置 *x* 轴和 *y* 轴的标签。

（13）图例设置：与 Matplotlib 相同，使用 plt.legend() 设置图例的位置和显示样式。

（14）网格线设置：与 Matplotlib 相同，用 plt.grid() 函数设置是否显示网格线，以及网格线的样式和颜色。

（15）背景颜色设置：与 Matplotlib 相同，使用 plt.gca().set_facecolor() 设置图形的背景颜色。

（16）图形边框设置：与 Matplotlib 相同，使用 plt.gca().spines 对象设置图形边框的样式、颜色和宽度。

（17）图形布局设置：与 Matplotlib 相同，使用 plt.tight_layout() 函数调整子图之间的间距，使图形布局更美观。

（18）线条和标记样式设置：在绘制线图时，使用 linewidth 参数设置线条的宽度，使用 marker 参数设置数据点的标记样式。

示例 6-12：线条和标记样式设置

```
sns.lineplot(data=mpg, x='horsepower', y='mpg', linewidth=2, marker='o')
plt.show()
```

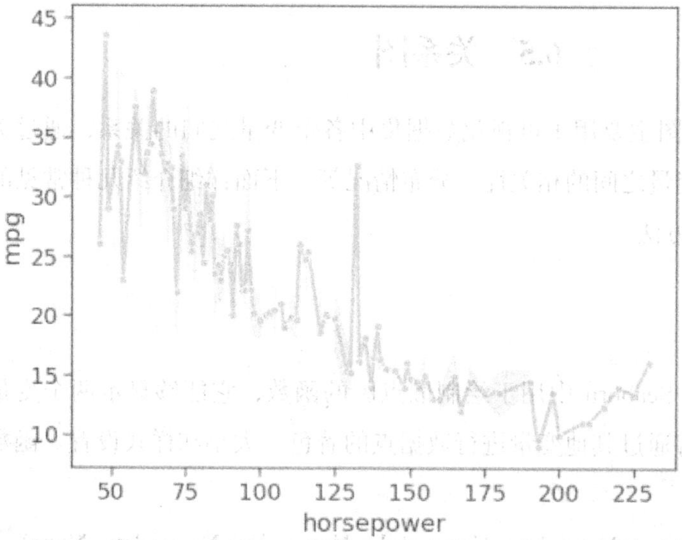

（19）颜色透明度设置：在绘制图形时，使用 alpha 参数设置颜色的透明度，范围从 0 到 1。

示例 6-13：线条和标记样式设置

```
sns.scatterplot(data=iris, x='sepal_length', y='sepal_width', alpha=0.5)
plt.show()
```

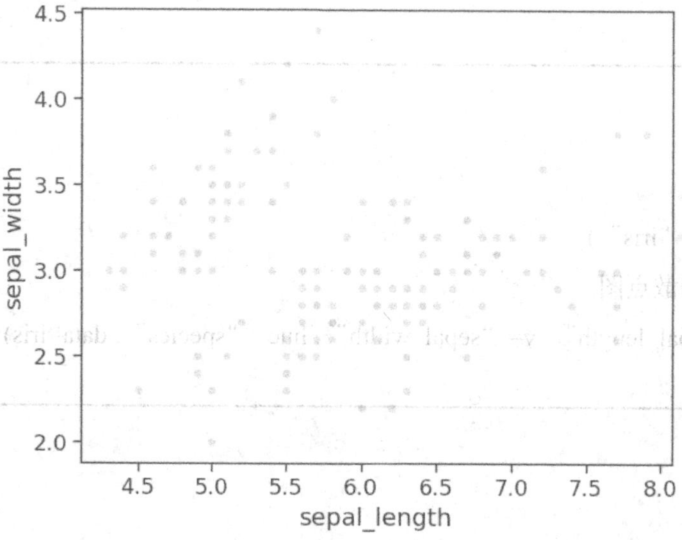

6.5 关系图

Seaborn 中的关系图主要用于可视化数据集中各个变量之间的关系，通过关系图能够直观地理解变量之间的相关性、分布情况等。下面详细介绍几种常见的 Seaborn 关系图的绘制方法。

6.5.1 散点图

sns.scatterplot() 是 Seaborn 中用于绘制散点图的函数，它能够显示两个变量之间的关系，并且支持通过其他变量进行数据点的着色、大小和样式设置。函数原型：

sns.scatterplot(x=None, y=None, hue=None, style=None, size=None, data=None)

参数如下。

① *x* 和 *y*：指定 *x* 轴和 *y* 轴上的变量名。

② hue：指定一个变量名，用于对数据进行分组，并通过颜色区分不同组别。

③ style：指定一个变量名，用于设置数据点的形状或样式。

④ size：指定一个变量名，用于设置数据点的大小。

⑤ data：指定要绘制的数据集。

示例 6-14：

```
# 恢复缺省配置
sns.reset_defaults()
# 加载示例数据集
iris = sns.load_dataset( "iris" )
# 使用 scatterplot 绘制散点图
sns.scatterplot(x= "sepal_length" , y= "sepal_width" , hue= "species" , data=iris)
plt.show()
```

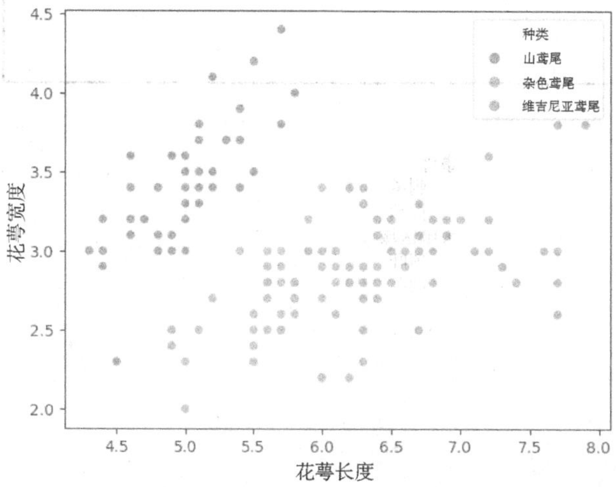

上述示例中，使用 sns.scatterplot() 函数绘制了一个散点图，*x* 轴和 *y* 轴分别表示 sepal_length 和 sepal_width，通过 hue 参数将数据按照 species 列进行分组，并通过颜色区分不同的鸢尾花种类。

6.5.2 折线图

sns.lineplot() 是 Seaborn 中用于绘制线图的函数，它能够展示两个变量之间的趋势关系，并且支持通过其他变量进行数据的分组，并在一个图中绘制多条线。函数原型：

sns.lineplot(x=None, y=None, hue=None, style=None, data=None)

参数如下。

① *x* 和 *y*：指定 *x* 轴和 *y* 轴上的变量名。

② hue：指定一个变量名，用于对数据进行分组，并通过颜色区分不同组别。

③ style：指定一个变量名，用于设置线条的样式。

示例 6-15：

```
# 加载示例数据集，该数据集包含了功能性磁共振成像（fMRI）实验的结果
fmri = sns.load_dataset("fmri")
# 使用 lineplot 绘制线图
sns.lineplot(x="timepoint", y="signal", hue="event", style="region",
```

```
data=fmri)
plt.show()
```

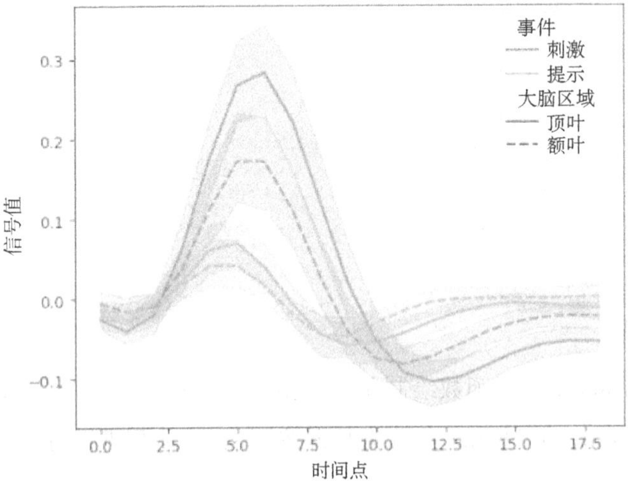

上述示例中，使用 sns.lineplot() 函数绘制了一个线图，*x* 轴表示时间点（timepoint），*y* 轴表示信号强度（signal），通过 hue 参数将数据按照事件类型（event）进行分组，并通过颜色区分不同的事件类型，通过 style 参数将数据按照大脑区域（region）设置线条的样式。

下面示例演示如何同时绘制散点图和折线图。

示例 6-16：

```
# 加载示例数据集
tips = sns.load_dataset( “tips” )
# 创建画布和坐标系
fig, ax = plt.subplots(figsize=(8, 6))
# 绘制散点图
sns.scatterplot(x= “total_bill” , y= “tip” , hue= “sex” , data=tips, ax=ax)
# 绘制折线图
sns.lineplot(x= “total_bill” , y= “tip” , hue= “sex” , data=tips, ax=ax)
plt.show()
```

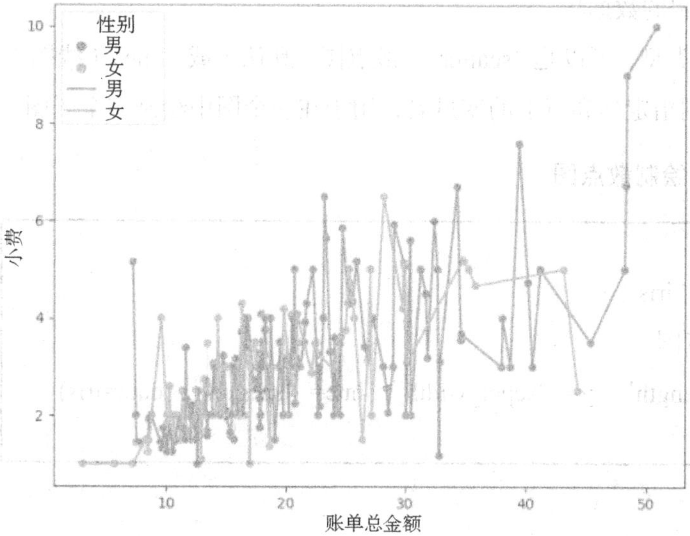

上述示例中，首先使用 sns.scatterplot() 函数绘制了一个散点图，x 轴表示总消费金额（total_bill），y 轴表示小费金额（tip），通过 hue 参数将数据按照性别（sex）进行分组，并通过颜色区分男性和女性。然后使用相同数据 sns.lineplot() 函数绘制了一个折线图。

6.5.3 关系图

sns.relplot() 是 Seaborn 中用于绘制关系图的函数，它可以绘制多种类型的关系图，包括散点图、折线图。与 sns.scatterplot() 和 sns.lineplot() 不同的是，sns.relplot() 能够在一个函数中绘制多个子图，并且支持在子图中设置多个变量、对数据进行分组和设置样式等。函数原型：

sns.relplot(x=None, y=None, hue=None, style=None, size=None, data=None, kind='scatter', col=None, row=None)

参数如下。

① *x* 和 *y*：指定 *x* 轴和 *y* 轴上的变量名。

② hue：指定一个变量名，用于对数据进行分组，并通过颜色区分不同组别。

③ style：指定一个变量名，用于设置数据点的形状或样式。

④ size：指定一个变量名，用于设置数据点的大小。

⑤ data：指定要绘制的数据集。

⑥ kind：指定绘图类型，可以是 'scatter'（散点图，默认）或 'line'（线图）。

⑦ col 和 row：分别指定列和行上的变量名，用于在一个图中绘制多个子图。

示例 6-17：relplot 绘制散点图

```
# 加载示例数据集
iris = sns.load_dataset( "iris" )
# 使用 relplot 绘制散点图
sns.relplot(x= "sepal_length" , y= "sepal_width" , hue= "species" , data=iris)
plt.show()
```

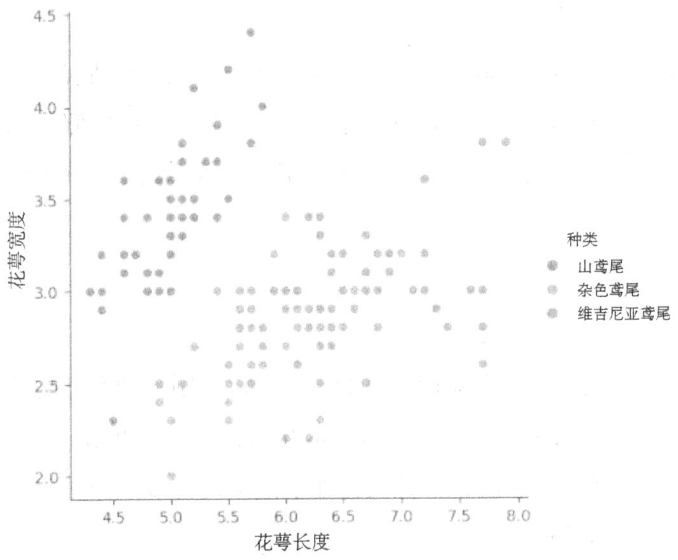

示例 6-18：relplot 绘制折线图

```
fmri = sns.load_dataset( "fmri" )
# 使用 relplot 绘制折线图
sns.relplot(x= "timepoint" , y= "signal" , kind= "line" , data=fmri)
plt.show()
```

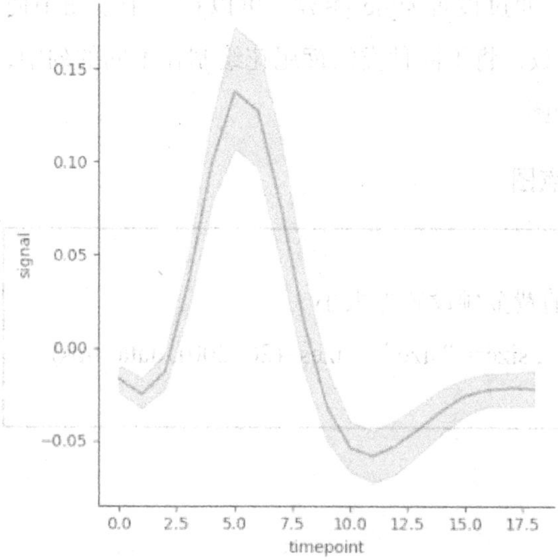

示例 6-19：relplot 绘制多个子图

```
iris = sns.load_dataset( “iris” )
# 使用 relplot 绘制多个子图，分别绘制不同种类的鸢尾花的 sepal_length 和
sepal_width 关系
sns.relplot(x= “sepal_length” , y= “sepal_width” , hue= “species” ,
style= “species” , col= “species” , data=iris)
plt.show()
```

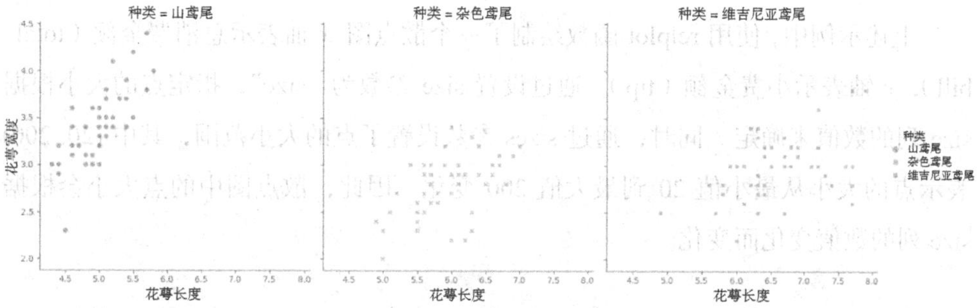

上述示例中，使用了 relplot 函数绘制了一个包含多个子图的图表。每个子图分别表示不同种类的鸢尾花（setosa、versicolor 和 virginica），其中，x 轴表示 sepal_length，y 轴表示 sepal_width。通过设置 hue 参数对数据进行分组，并使用

不同的颜色区分不同的种类。同时，通过设置 style 参数，可以在每个子图中使用不同的点样式。最后，通过 col 参数，将不同种类的鸢尾花绘制在不同的列中，使得每个种类的鸢尾花都有自己的子图。

示例 6-20：设置 size 参数的散点图

```
tips = sns.load_dataset( "tips" )
# 使用 relplot 绘制散点图，根据总消费金额设置点大小
sns.relplot(x= "total_bill" , y= "tip" , size= "size" , sizes=(20, 200), data=tips)
plt.show()
```

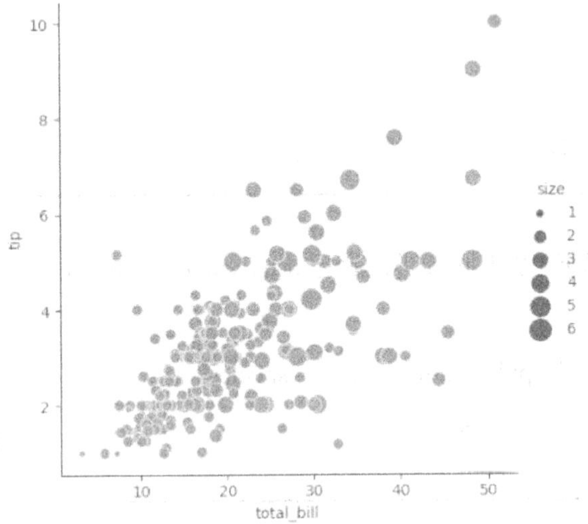

上述示例中，使用 relplot 函数绘制了一个散点图，x 轴表示总消费金额（total_bill），y 轴表示小费金额（tip）。通过设置 size 参数为"size"，指定点的大小根据 size 列的数值来确定。同时，通过 sizes 参数设置了点的大小范围，其中 (20, 200) 表示点的大小从最小值 20 到最大值 200 变化。因此，散点图中的点大小会根据 size 列的数值变化而变化。

6.5.4 联合图

jointplot() 函数是 Seaborn 中用于绘制两个变量之间关系的联合图，通常用于显示两个变量的散点图以及每个变量的单变量分布图。

常用参数如下。

① x：用于指定 x 轴数据的变量名或数据数组。

② y：用于指定 y 轴数据的变量名或数据数组。

③ data：用于指定数据集（例如 Pandas DataFrame）。

④ kind：指定图的类型。常用选项包括以下几种。

'scatter'（默认）：散点图。

'reg'：带有回归线的散点图。

'hex'：六边形 bin 图。

'kde'：核密度估计图。

'hist'：二维直方图。

⑤ hue：用于根据第三个变量的值对数据进行颜色编码。

⑥ height：图的大小（以英寸为单位），默认是 6。

⑦ ratio：边际图（直方图或密度图）高度与主轴图高度之比，默认是 5。

⑧ space：主图与边际图之间的间隔，默认是 0.2。

第 7 章　基于深度学习的数据分析与可视化技术

本章介绍深度学习模型在时间序列分析和数据预处理中的应用，涵盖全连接网络、RNN、CNN 等模型，并介绍了自编码器、生成对抗网络、UMAP 等技术。通过本章的学习，读者将了解如何运用深度学习技术解决复杂数据分析和可视化挑战。

7.1　深度学习介绍

神经网络（neural networks）是一种机器学习模型，受生物神经网络的启发，通过模拟生物神经元之间的连接和信息传递来进行计算。一个典型的神经网络包括：

（1）输入层（input layer）：接收输入数据。

（2）隐藏层（hidden layers）：进行特征提取和非线性变换。传统神经网络通常只有一个或少数几个隐藏层。

（3）输出层（output layer）：生成模型的输出结果。

神经网络的每一层都由多个神经元组成，这些神经元通过加权连接进行信息传递和处理。

神经网络可以根据其拓扑结构和信息流动方式分为三种主要类型：前馈神经网络（feedforward neural networks，FNN）、反馈（循环）神经网络（recurrent neural networks，RNN），以及图神经网络（graph neural networks，GNN）。

（1）前馈神经网络（FNN）：信息从输入层流向输出层，中间经过一个或多个隐藏层，信息在网络中单向流动，没有反馈连接，即不存在从后层节点指向前层节点的连接。FNN 是最基本的神经网络类型，适用于静态数据和简单的分类或回归任务，例如通过卷积神经网络（CNN）处理图像数据。

（2）反馈（循环）神经网络（RNN）：隐藏层的神经元不仅接收来自前一层的输入，还接收自身的输出。这种结构允许网络具有记忆能力，适用于处理序列数据，因为能够捕捉时间依赖关系。常见的 RNN 变种包括长短期记忆网络（LSTM）和门控循环单元（GRU），它们通过特殊的门控机制来解决传统 RNN 中的梯度消失和梯度爆炸问题。RNN 应用包括自然语言处理（NLP），以及进行时间序列预测等。

（3）图神经网络（GNN）：专为处理图结构数据而设计，其中数据表示为节点（vertices）和边（edges），节点之间通过边连接，节点通过边向邻居节点传递信息，更新自身状态，网络通过多层消息传递实现特征提取和表示学习。GNN 能够处理不规则结构的数据，如社交网络、分子结构和知识图谱，应用包括社交网络分析等。

深度学习（deep learning）是一种基于神经网络的机器学习方法，但其核心特点是使用了多层神经网络，即深层神经网络（DNN）。深度学习模型通常包含许多隐藏层（通常超过三层），能够学习和表示数据的复杂特征。深度学习的主要优势在于：

（1）深度学习模型可以从原始数据中自动提取特征；

（2）能够处理大规模、高维度、非线性和多模态的数据，如图像、音频和文本；

（3）深度神经网络能够表示非常复杂的函数关系，适用于多种任务，包括分类、回归、生成模型等。

深度学习相关技术、工具以及模块在数据分析与可视化领域有着广泛的应用。表 7-1 显示了深度学习在数据分析与可视化领域的一些应用。

表 7-1　深度学习在数据分析与可视化领域的应用

类别	技术	应用
时序分析	全连接神经网络	时序数据建模和预测
	循环神经网络（RNN）	时序数据建模和预测
	卷积神经网络（CNN）	时序数据建模和预测
	注意力机制（attention mechanism）	用于时序数据的特征提取和模式发现

续表

类别	技术	应用
数据预处理	自编码器（autoencoders）	数据去噪、特征提取等数据预处理工作
	生成对抗网络（GANs）	数据增强、生成数据样本
数据探索	深度度量学习（deep metric learning）	发现数据间的相似性关系
	UMAP	UMAP（统一流形近似与投影）数据降维技术
	Grad-CAM	Grad-CAM（gradient-weighted class activation mapping）可视化技术用于解释深度卷积神经网络的决策原因
关系分析	图神经网络（graph neural networks）	学习复杂系统中各组分之间的关系
	知识图谱嵌入技术（knowledge graph embedding）	用于发现结构化数据中的隐藏关系
深度学习可视化工具	Visdom	可视化工具，可以在训练过程中动态展示各种图表和指标
	tensor board for PyTorch	PyTorch 集成了 tensor board，能够方便地进行训练过程的可视化

在使用深度学习技术进行数据分析与可视化操作前，需要安装了必要的库：

```
pip install torch torchvision torchtext visdom tensorboard
```

7.2 采用全连接网络实现马尔可夫时间序列预测

7.2.1 马尔可夫预测模型

一阶马尔可夫预测模型

对于一阶马尔可夫模型，假设未来状态X_{t+1}仅依赖于当前状态X_t，与之前状态无关。即

$$P\left(X_{t+1}=x_{t+1} \mid X_t=x_t, X_{t-1}=x_{t-1}, \cdots, X_1=x_1\right)=P\left(X_{t+1}=x_{t+1} \mid X_t=x_t\right)$$

令$\pi_{ij}=P\left(X_{t+1}=j \mid X_t=i\right)$表示从状态$i$转移到状态$j$的概率，则上式可写为

$$P\left(X_{t+1}=x_{t+1} \mid X_t=x_t\right)=\pi_{x_t x_{t+1}}$$

为了预测X_{t+n}，可以利用马尔可夫链性质和全概率公式：

$$
\begin{aligned}
P(X_{t+n}=j) &= \sum_i P(X_{t+n}=j \mid X_{t+n-1}=i)P(X_{t+n-1}=i) \\
&= \sum_i \pi_{ij} P(X_{t+n-1}=i) \\
&= \sum_i \pi_{ij} \sum_k \pi_{ki} P(X_{t+n-2}=k) \\
&= \vdots \\
&= \sum_{i_1} \cdots \sum_{i_{n-1}} \pi_{i_1 i_2} \pi_{i_2 i_3} \cdots \pi_{i_{n-1} j} P(X_t = i_1)
\end{aligned}
$$

其中，$P(X_t = i_1)$是已知的初始状态分布。这样就可以通过转移概率矩阵$\boldsymbol{\Pi}$对 n 步之后的状态分布进行预测。

2. 高阶马尔可夫预测模型

高阶马尔可夫模型考虑了更长历史的影响，即X_{t+1}不仅依赖于X_t，还依赖于$X_{t-1}, X_{t-2}, \cdots, X_{t-m+1}$，其中$m$是模型的阶数。形式化得

$$
P(X_{t+1} \mid X_t, X_{t-1}, \cdots, X_1) = P(X_{t+1} \mid X_t, X_{t-1}, \cdots, X_{t-m+1})
$$

令$\pi_{i_1 \cdots i_m j} = P(X_{t+1}=j \mid X_t = i_m, X_{t-1} = i_{m-1}, \cdots, X_{t-m+1} = i_1)$表示从状态序列$(i_1, \cdots, i_m)$转移到状态$j$的概率，则有

$$
P(X_{t+1}=j \mid X_t = i_m, X_{t-1} = i_{m-1}, \cdots, X_{t-m+1} = i_1) = \pi_{i_1 \cdots i_m j}
$$

为预测X_{t+n}，可以利用全概率公式和马尔可夫性质：

$$
\begin{aligned}
P(X_{t+n}=j) &= \sum_{i_m, \cdots, i_1} P(X_{t+n}=j \mid X_{t+n-1}=i_m, \cdots, X_{t+n-m}=i_1) \times P(X_{t+n-1}=i_m, \cdots, X_{t+n-m}=i_1) \\
&= \sum_{i_m, \cdots, i_1} \pi_{i_1 \cdots i_m j} P(X_{t+n-1}=i_m, \cdots, X_{t+n-m}=i_1) \\
&= \sum_{i_m, \cdots, i_2} \pi_{i_2 \cdots i_m j} \sum_{i_1} \pi_{i_1 i_2 \cdots i_m} P(X_{t+n-m-1}=i_1, \cdots, X_{t+n-2m}=i_m) \\
&= \cdots
\end{aligned}
$$

这个求和需要遍历所有可能的长度为m的状态序列，计算复杂度随m的增大呈指数增长。因此高阶马尔可夫链在实践中通常采用较小的阶数，以权衡模型复杂度和预测性能。

通过这些推导，可以看到一阶和高阶马尔可夫模型都利用了马尔可夫性质和状态转移概率对未来状态进行预测，只是考虑的历史依赖长度不同。合理选择阶数对预测性能至关重要。

7.2.2 马尔可夫时间序列预测

示例 7-1：

（1）首先生成数据。

$$y_t = \sin(0.04\pi t) + 0.5\cos(0.08\pi t) + 0.3\sin(0.12\pi t) + \varepsilon_t$$

其中，ε_t是高斯噪声，服从$\mathcal{N}(0,0.1)$。即序列数据这是一个由三个周期函数组成的复合函数，加上一些噪声。

```
import torch
import torch.nn as nn
import matplotlib.pyplot as plt
import numpy as np
# 支持中文
plt.rcParams['font.sans-serif'] = ['Arial Unicode MS'] # SimHei 用来正常显示中文标签
plt.rcParams['axes.unicode_minus'] = False # 用来正常显示负号
%matplotlib inline

# 设置种子以确保结果可重现
torch.manual_seed(2024)
# 生成序列数据
n_samples = 2000
t = torch.linspace(0, 200, n_samples)
y = torch.sin(0.04 * np.pi * t) + 0.5 * torch.cos(0.08 * np.pi * t) + 0.3 * torch.sin(0.12 * np.pi * t)
noise = 0.1 * torch.randn(n_samples)
y += noise
# 划分训练集和测试集
train_size = 1500
test_size = n_samples - train_size
```

```
k = 4 # 使用前 4 个时间步长的数据作为输入，对应 4 阶马尔可夫模型
# 准备训练数据
X_train = y[:train_size].unfold(0, k, 1)
y_train = y[k:train_size+1]
# 准备测试数据
X_test = y[train_size-k:-1].unfold(0, k, 1)
y_test = y[train_size:]
# 测试数据正确性
print(X_train.size(), y_train.size(), X_test.size(), y_test.size())
#print(X_train[0], y_train[0], y[:5])
#print(X_train[-1], y_train[-1], y[1496:1501])
#print(X_test[0], y_test[0], y[1500:1505])
#print(X_test[-1], y_test[-1], y[1995:])
```

torch.Size([1497, 4]) torch.Size([1497]) torch.Size([500, 4]) torch.Size([500])

（2）构建一个多层线性模型来学习这个序列。

```
# 定义模型
input_size = k
hidden_size = 32
assets/output_15_size = 1
learning_rate = 1e-3

class SequencePredictor(nn.Module):
    def __init__(self, input_size, hidden_size, assets/output_15_size):
        super(SequencePredictor, self).__init__()
        self.linear1 = nn.Linear(input_size, hidden_size)
        self.linear2 = nn.Linear(hidden_size, assets/output_15_size)

    def forward(self, x):
        x = self.linear1(x)
```

```
        x = torch.relu(x)
        x = self.linear2(x)
        return x

model = SequencePredictor(input_size, hidden_size, assets/output_15_size)
# 定义损失函数和优化器
criterion = nn.MSELoss(reduction='mean')
# 平方损失。注意：MSELoss 计算平方误差时不带系数 1/2
# reduction=none 直接返回向量形式的 loss；mean: 返回 loss 和的平均值；sum 返回 loss 的和。默认：mean。
optimizer = torch.optim.SGD(model.parameters(), lr=learning_rate)
```

现在定义了一个包含两个线性层的模型，第一层有 32 个隐藏单元，第二层是输出层。使用均方误差（MSE）作为损失函数，使用随机梯度下降（SGD）优化器进行训练。

3. 模型训练。

```
# 训练模型
n_epochs = 500
train_losses = []
for epoch in range(n_epochs):
    # 准备输入和标签
    inputs = X_train # (batch_size, input_size)
    targets = y_train.unsqueeze(-1)
    # 前向传播
    optimizer.zero_grad()
    outputs = model(inputs)
    # 计算损失
    loss = criterion(outputs, targets)
    # 反向传播和优化
```

```
    loss.backward()
    optimizer.step()
    # 记录训练损失
    train_losses.append(loss.item())
# 绘制训练损失曲线
plt.figure(figsize=(10, 6))
plt.plot(train_losses)
plt.title('训练损失')
plt.xlabel('Epoch')
plt.ylabel('损失')
plt.show()
```

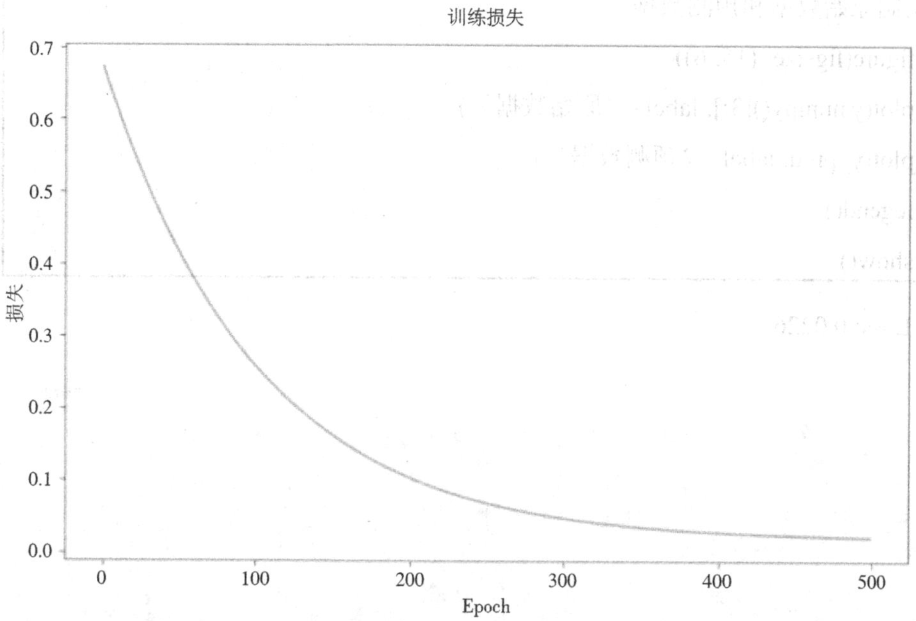

训练过程中，将序列数据按 1 个批次（1497）传给模型，每条数据 4 个特征，代表前 4 个时间步长的数据，标签是当前时间步长的值。训练完毕绘制了训练损失曲线，以查看模型在训练过程中的表现。

（4）在测试集上评估模型，并绘制原始数据和预测数据。

```
# 在测试集上评估模型
with torch.no_grad():
    test_inputs = X_test
    test_targets = y_test.unsqueeze(-1)
    test_outputs = model(test_inputs)
    test_loss = criterion(test_outputs, test_targets)
    print(f'Test Loss: {test_loss.item():.4f}')
y_pred = np.concatenate((outputs.detach().squeeze().numpy(), test_outputs.detach().
squeeze().numpy()))
# print(y_pred.shape, y.numpy()[3:].shape)
# 绘制原始数据和预测数据
plt.figure(figsize=(15, 6))
plt.plot(y.numpy()[3:], label='原始数据')
plt.plot(y_pred, label='预测数据')
plt.legend()
plt.show()
```

Test Loss: 0.0226

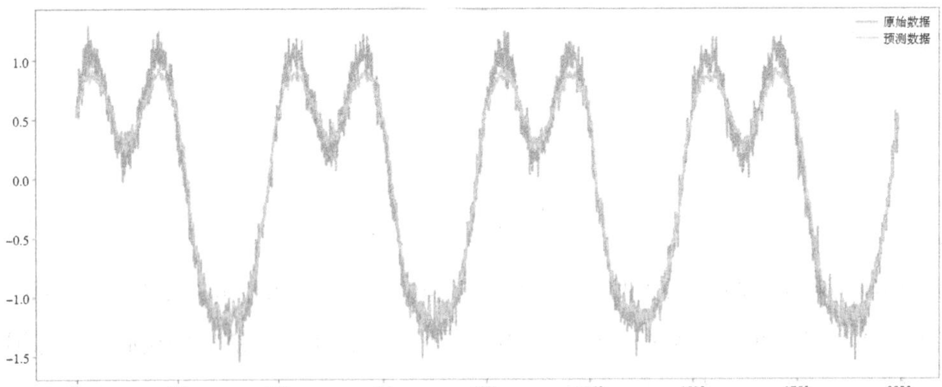

在测试集上计算了损失值，并打印了测试损失。然后绘制了原始数据和预测数据。

7.3　循环神经网络实现时间序列分析

7.3.1 循环神经网络基本知识

循环神经网络（RNN）是一种专门用于处理序列数据（如文本、语音、时间序列等）的神经网络。与前馈神经网络不同，RNN 能够捕捉序列中当前时刻的输入及其之前状态的信息，因此非常适合处理具有时序关系的数据。

如图 7-3 所示，RNN 的基本结构包含一个输入层、一个或多个循环隐藏层和一个输出层。与前馈神经网络不同，RNN 的隐藏层不仅接收来自输入层的信息，还接收自身在前一个时间步的状态。

RNN 由一个或多个循环单元组成，每个单元会重复使用自己的参数。

每个时间步，RNN 接收当前输入及上一时间步的隐藏状态，计算出当前时间步的隐藏状态和输出。

隐藏状态就像网络的“记忆”，能够捕捉之前时间步的信息，并将其传递给后续时间步。

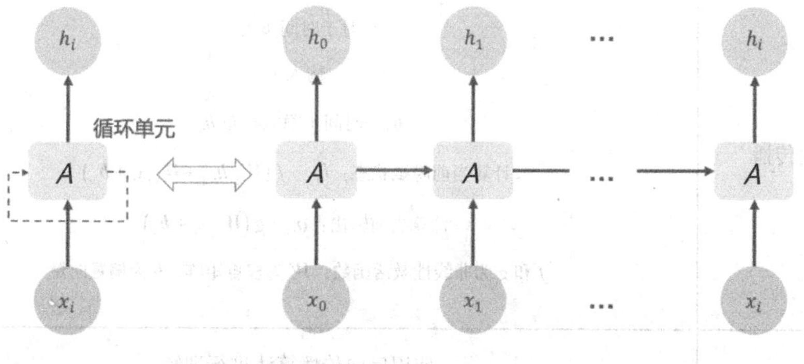

图 7-3　循环神经网络基本结构

在一个简单的 RNN 中，时间步 t 的隐藏状态 h_t 由当前输入 x_t 和前一时间步的隐藏状态 h_{t-1} 共同决定，计算公式如下：

$$h_t = f\left(\boldsymbol{W}_{xh}x_t + \boldsymbol{W}_{hh}h_{t-1} + \boldsymbol{b}_h\right)$$

式中：$\boldsymbol{W}_{xh}$ 是输入隐藏状态的权重矩阵；$\boldsymbol{W}_{hh}$ 是前一隐藏状态到当前隐藏状态的权重矩阵；$\boldsymbol{b}_h$ 是偏置项；f是激活函数（通常是 tanh 或 ReLU）。

输出层的计算公式为

$$o_t = g\left(\boldsymbol{W}_{ho}h_t + \boldsymbol{b}_o\right)$$

式中：$\boldsymbol{W}_{ho}$ 是隐藏状态到输出的权重矩阵；$\boldsymbol{b}_o$是输出层的偏置项。

RNN 的训练通常采用反向传播通过时间（back propagation through time，BPTT）的方法。BPTT 是将传统的反向传播算法应用到 RNN 的序列展开版本。具体步骤如下。

①展开网络：将 RNN 在时间步上的计算展开成一个深层的前馈神经网络。

②计算损失：计算序列数据的总损失。

③反向传播：在展开的网络上进行反向传播，计算各个时间步上的梯度。

④更新参数：使用梯度下降法或其变种更新参数。

表 7-2 描述 RNN 的主要特点、应用、变种。

表 7-2　RNN 的各种概念

概念	说明
前向传播	对于时间步 t： 输入 x_t 前一时间步隐藏状态 h_{t-1} 计算当前隐藏状态：$h_t = f\left(\boldsymbol{W}_{hh}h_{t-1} + \boldsymbol{W}_{xh}x_t + \boldsymbol{b}_h\right)$ 计算当前输出：$o_t = g\left(\boldsymbol{W}_{ho}h_t + \boldsymbol{b}_o\right)$ f 和 g 为非线性激活函数，$\boldsymbol{W}$ 为权重矩阵，$\boldsymbol{b}$ 为偏置向量
反向传播	使用反向传播算法进行训练 误差通过展开的时间步回传，称为 BPTT 常使用 LSTM 或 GRU 等门控循环单元，防止梯度消失 / 爆炸问题
长期依赖问题	RNN 理论上可捕捉任意长序列信息 当序列过长时，梯度会衰减或爆炸，无法有效捕捉长期依赖关系

续表

概念	说明
应用场景	自然语言处理：语义分析、机器翻译、文本生成等 语音识别：将语音信号转化为文本序列 时间序列预测：金融、天气等趋势预测 图像字幕生成：根据图像生成文本描述
进化形式	LSTM：增加门控机制，缓解长期依赖问题 GRU：与 LSTM 类似，但更简单高效 Bi-RNN：结合正向和反向信息的双向 RNN Attention 机制：对输入序列加权求和，获取更有效表示

7.3.2 RNN 模型

RNN 模型如图 7-4 所示。

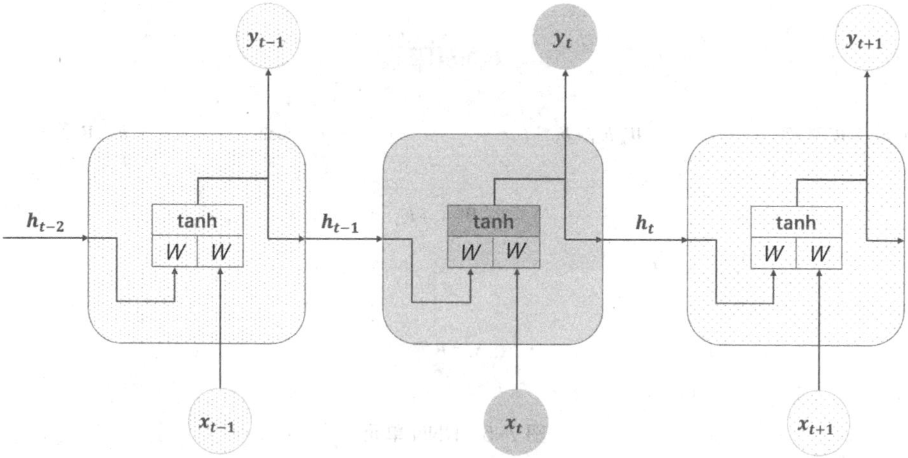

图 7-4：RNN 模型

RNN 模型的核心结构包括以下几种。

（1）输入层：接收当前时间步的输入数据x_t，通常使用 one-hot 编码或词嵌入向量表示。

（2）隐藏层：RNN 的核心部分，由循环连接的隐藏单元组成。每个隐藏单元会综合当前输入x_t和上一时间步的隐藏状态h_{t-1}，计算出当前时间步的隐藏状态h_t，公式为

$$h_t = \tanh\left(\boldsymbol{W}_{xh}x_t + \boldsymbol{W}_{hh}h_{t-1} + \boldsymbol{b}_h\right)$$

其中，$\boldsymbol{W}_{xh}$ 是输入隐藏层的权重矩阵；$\boldsymbol{W}_{hh}$ 是隐藏层自身的循环权重矩阵；$\boldsymbol{b}_h$ 是隐藏层的偏置向量；tanh是非线性激活函数。

（3）输出层：根据任务需求，使用当前隐藏状态 h_t 计算输出 y_t，例如在语言模型中，输出层会给出下一个词或字符的概率分布：

$$y_t = g\left(\boldsymbol{W}_{hy}h_t + \boldsymbol{b}_y\right)$$

其中，$\boldsymbol{W}_{hy}$ 是隐藏层到输出层的权重矩阵；$\boldsymbol{b}_y$ 是输出层的偏置向量；g 是输出层的激活函数（如 softmax）。

（4）反向传播过程：RNN 使用反向传播算法学习模型参数，由于存在循环连接，采用反向传播时间步（BPTT）算法展开计算梯度。

图 7-5 展现了 RNN 单元内部的计算。

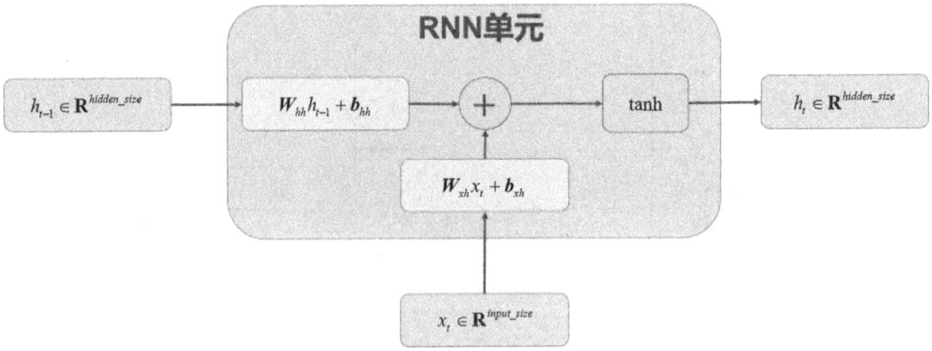

图 7-5　RNN 单元

实际上，关于 RNN，最重要的公式如下：

$$h_t = \tanh\left(\left(\boldsymbol{W}_{xh}x_t + \boldsymbol{b}_{xh}\right) + \left(\boldsymbol{W}_{hh}h_{t-1} + \boldsymbol{b}_{hh}\right)\right)$$

普通的神经网络的计算只有$\boldsymbol{W}_{xh}x_t + \boldsymbol{b}_{xh}$这一部分，RNN 的关键区别在于多加了一个隐藏状态的信息 $\boldsymbol{W}_{hh}h_{t-1} + \boldsymbol{b}_{hh}$，因此 RNN 能够处理序列数据，而不仅仅是独立的输入。

7.3.3 RNN 时间序列预测示例——用 sin 预测 cos

该示例构建了一个简单的 RNN 模型来预测一个序列任务，根据正弦波的时间序列预测对应的余弦波。

示例 7-2：

```
import torch
import torch.nn as nn
import numpy as np
import matplotlib.pyplot as plt

# 超参数
seq_length = 50  # 序列长度
input_size = 1   # 输入特征数
hidden_size = 20 # 隐藏层特征数
num_layers = 1   # 隐藏层数量
assets/output_15_size = 1 # 输出特征数（例如，对于回归任务）
learning_rate = 0.01

# 自定义 RNN
class RNN(torch.nn.Module):
    def __init__(self, input_size, hidden_size, num_layers, assets/output_15_size):
        super(RNN, self).__init__()

        self.rnn = torch.nn.RNN(input_size=input_size,
                            hidden_size=hidden_size,
                            num_layers=num_layers,
                            batch_first=True
                            )
```

```
        # 定义输出层
        self.fc = torch.nn.Linear(hidden_size, assets/output_15_size)

    # 前向传播
    def forward(self, x):
        # 初始化隐藏状态
        h0 = None#orch.zeros(self.num_layers, x.size(0), self.hidden_size).to(x.device)

        out, _ = self.rnn(x, h0) # x  (batch_size, time_step, input_size)
                                 # h  (batch_size, time_step, hidden_size)
                                 # out(batch_size, time_step, hidden_size)
        # 只取序列的最后一个时间步的输出
        out = self.fc(out)
        return out

rnn = RNN(input_size, hidden_size, num_layers, assets/output_15_size)
print(rnn)

# 训练
optimizer = torch.optim.Adam(rnn.parameters(), lr=learning_rate) # 优化器
criterion = torch.nn.MSELoss() # 均方损失函数
for step in range(100):
    # sin 预测 cos
    start = step * 2 * np.pi
    end = (step + 1) * 2 * np.pi
    steps = np.linspace(start, end, seq_length, dtype=np.float32)
    x_np = np.sin(steps).reshape(1, seq_length, input_size) # [batch_size=1, seq_
length, input_size=1]
    y_np = np.cos(steps).reshape(1, seq_length, assets/output_15_size) # [batch_
```

```
size=1, seq_length, assets/output_15_size=1]
    x = torch.from_numpy(x_np)
    y = torch.from_numpy(y_np)
    outputs  = rnn(x) #[batch_size=1, seq_length, assets/output_15_size=1]
    loss = criterion(outputs, y)
    optimizer.zero_grad()
    loss.backward()
    optimizer.step()
    if step%10==0:
        plt.plot(steps, outputs.data.numpy().flatten(), 'g*' )
        plt.plot(steps, y_np.flatten(), 'r-' )
        plt.show()
```

```
RNN(
  (rnn): RNN(1, 20, batch_first=True)
  (fc): Linear(in_features=20, out_features=1, bias=True)
```

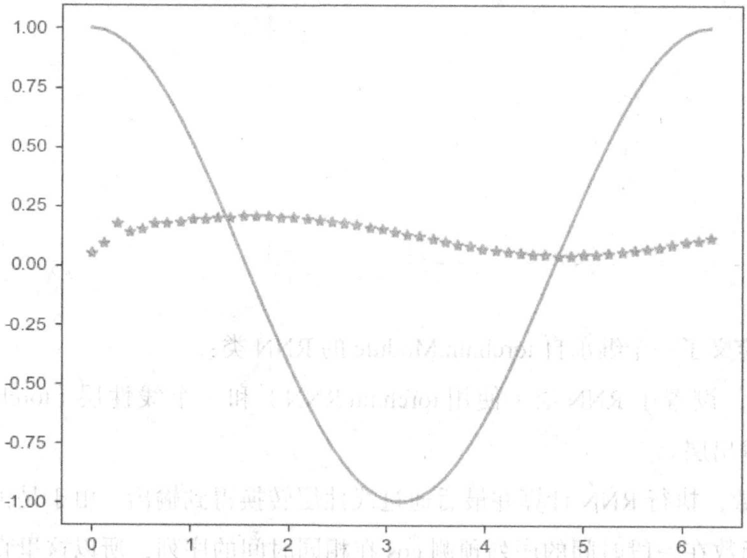

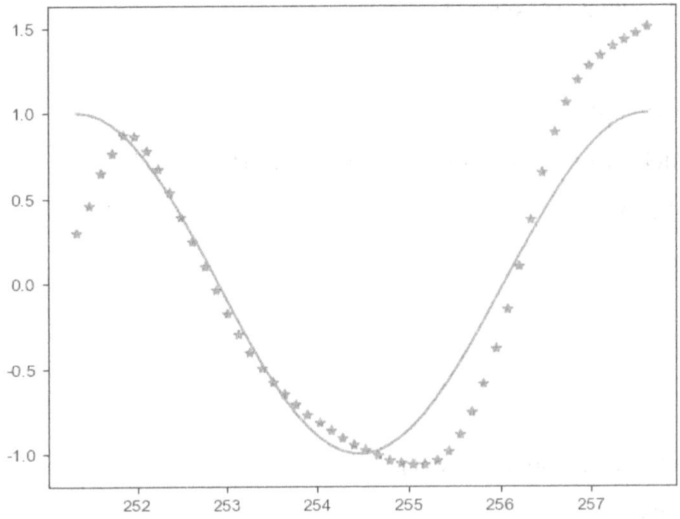

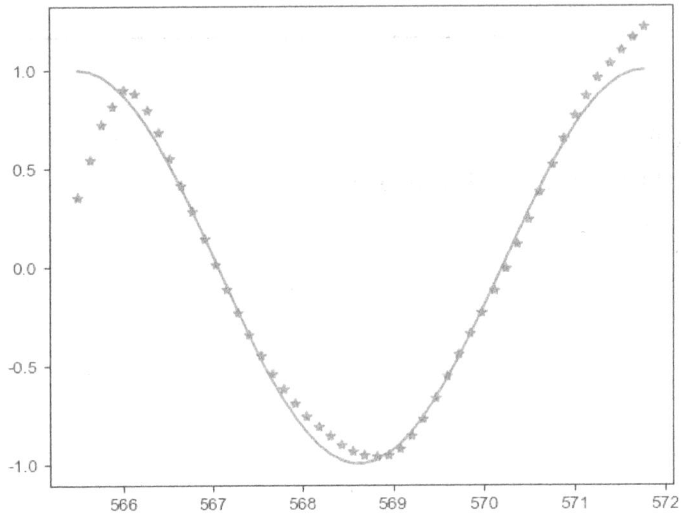

示例代码中定义了一个继承自 torch.nn.Module 的 RNN 类：

初始化函数，设置了 RNN 层（使用 torch.nn.RNN）和一个线性层（torch.nn.Linear）作为输出层。

前向传播函数，执行 RNN 计算并最后通过线性层转换得到输出。由于是预测任务，用 sin 函数在一段时间的序列预测 cos 在相同时间的序列，所以这里直接对整个序列的输出应用线性变换。注意，通常回归任务中通常只关心序列的最后一段时间步的输出。

7.4 卷积神经网络实现时间序列分析

7.4.1 卷积神经网络的介绍

CNN 的架构通常包括以下几个关键层。

（1）卷积层（convolutional layer）：

卷积层是 CNN 的核心组成部分，用于从输入数据中提取局部特征。

卷积层由多个卷积核（kernel）组成，每个卷积核与输入数据的局部区域进行卷积运算，生成一个特征图（feature map）。

卷积核通过在输入上滑动，捕捉局部模式和空间关系。

通过多个卷积层，CNN 可以逐步提取从低级到高级的特征表示。

（2）池化层（pooling layer）：

池化层通常紧跟在卷积层之后，用于降低特征图的空间维度，同时保留最重要的特征信息。

常见的池化操作有最大池化（max pooling）和平均池化（average pooling）。

池化层可以缓解过拟合，减少计算量，并增强特征的平移不变性。

（3）激活层（activation layer）：

激活层通常应用非线性激活函数（如 ReLU、sigmoid 或 tanh）来增加网络的表达能力和非线性性。

常用的激活函数是整流线性单元（ReLU），它可以有效地缓解梯度消失问题。

（4）全连接层（fully connected layer）：

全连接层通常位于 CNN 的最后几层，用于将卷积层提取的特征进行组合和整合。

全连接层的每个神经元与前一层的所有神经元相连，类似于传统的人工神经网络。

全连接层可以对提取的特征进行推理和决策。

（5）输出层（output layer）：

输出层的神经元数量取决于任务的类型，例如，分类任务的神经元数量与类别数量相同。

对于分类任务，通常使用 softmax 激活函数将输出转换为概率分布。

如图 7-6 所示，CNN 通常按以下顺序堆叠：输入→卷积层→池化层→激活层→…→全连接层→输出层。通过这种层次结构，CNN 能够自动从原始输入数据中学习出多尺度的特征表示，并最终用于执行相应的任务，如图像分类、目标检测和语义分割等。

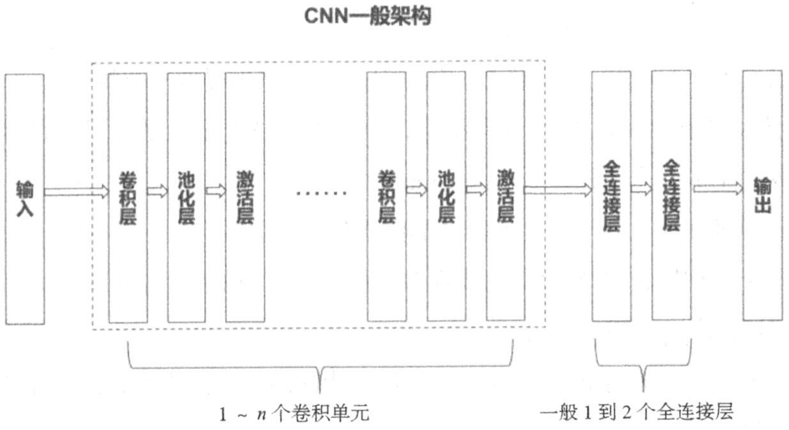

图 7-6　卷积神经网络一般架构

CNN 的设计和优化涉及多个超参数的选择，如卷积核大小、步长、填充、池化窗口大小等，这需要根据具体任务和数据集进行调整和实验。

卷积计算方法如图 7-7 所示。

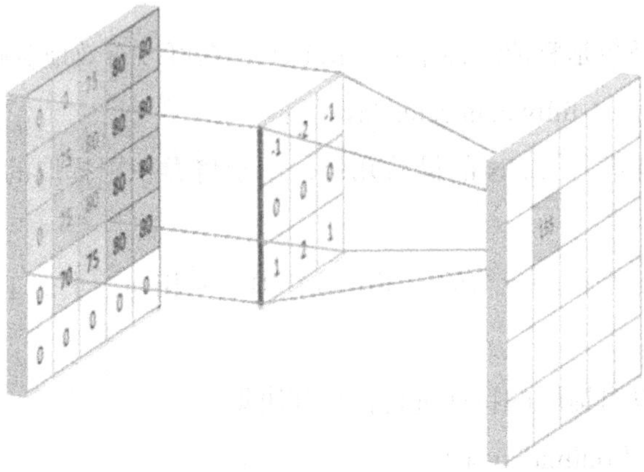

图 7-7　卷积计算图示

1. 一维离散卷积

一维离散卷积定义如下：

$$(f*g)[n]=\sum_{m=-\infty}^{\infty}f[m]g[n-m]$$

其中，$f[n]$ 和 $g[n]$ 分别是两个输入序列；$*$ 表示卷积操作；$(f*g)[n]$ 是卷积结果。

2. 二维离散卷积

二维离散卷积定义如下：

$$(f*g)[i,j]=\sum_{m=-\infty}^{\infty}\sum_{n=-\infty}^{\infty}\boldsymbol{f}[m,n]\boldsymbol{g}[i-m,j-n]$$

其中，$\boldsymbol{f}[i,j]$ 和 $\boldsymbol{g}[i,j]$ 分别是两个输入矩阵；$*$ 表示卷积操作；$(f*g)[i,j]$ 是卷积结果。

卷积计算的步骤如下。

（1）输入数据和卷积核：输入数据通常表示为一个二维的矩阵，而卷积核是一个较小的二维矩阵。

（2）滑动窗口：将卷积核应用于输入数据的局部区域，并在整个输入数据上滑动以得到输出特征图。

（3）逐元素相乘和累加：在每个局部区域内，将输入数据和卷积核的对应元素进行逐元素相乘，并将结果进行累加，得到输出特征图的像素值。

（4）填充和步幅：可以通过填充（padding）和步幅（stride）来控制输出特征图的尺寸和感受野大小。

7.4.2 CNN 时间序列预测示例

下面使用卷积神经网络（CNN）来实现时间序列预测。示例以 SciPy 中的 electrophysiology 数据集为例，并展示如何使用 CNN 进行预测。

示例 7-3：

```
# 安装 pooch 库
#!pip install pooch
```

```
import numpy as np
import matplotlib.pyplot as plt
from scipy.datasets import electrocardiogram
import torch.nn as nn
import torch.optim as optim
# 支持中文
plt.rcParams['font.sans-serif'] = ['Arial Unicode MS'] # SimHei 用来正常显示中文标签
plt.rcParams['axes.unicode_minus'] = False # 用来正常显示负号
%matplotlib inline

# 获取电生理数据
data = electrocardiogram()
# 可视化数据
plt.figure(figsize=(12, 6))
plt.plot(data)
plt.xlabel('时间')
plt.ylabel('振幅')
plt.title('心电图数据')
plt.show()

# 创建训练和测试数据集
# 将时序数据分割成训练和测试集，并创建输入输出对用于 CNN 模型。
def create_dataset(data, time_step=1):
    X, y = [], []
    for i in range(len(data) - time_step - 1):
        a = data[i:(i + time_step)]
        X.append(a)
        y.append(data[i + time_step])
```

```
    return np.array(X), np.array(y)

time_step = 100  # 设置时间步长
X, y = create_dataset(data, time_step)
# 将数据重塑为 [ 样本数 , 特征数 , 时间步长 ] 的形状
X = X.reshape(X.shape[0], 1, X.shape[1])

# 划分训练和测试数据集
train_size = int(len(X) * 0.8)
test_size = len(X) - train_size
X_train, X_test = X[:train_size], X[train_size:]
y_train, y_test = y[:train_size], y[train_size:]

# 转换为 PyTorch 张量
import torch
from torch.utils.data import TensorDataset, DataLoader

X_train = torch.tensor(X_train, dtype=torch.float32)
X_test = torch.tensor(X_test, dtype=torch.float32)
y_train = torch.tensor(y_train, dtype=torch.float32)
y_test = torch.tensor(y_test, dtype=torch.float32)

# 创建数据加载器
train_dataset = TensorDataset(X_train, y_train)
test_dataset = TensorDataset(X_test, y_test)
train_loader = DataLoader(train_dataset, batch_size=64, shuffle=True)
test_loader = DataLoader(test_dataset, batch_size=64, shuffle=False)

# 构建 CNN 模型
```

```
# 将使用 PyTorch 构建一个简单的 CNN 模型。
class CNN(nn.Module):
    def __init__(self):
        super(CNN, self).__init__()
        self.layer1 = nn.Sequential(
            nn.Conv1d(1, 16, kernel_size=5, stride=1, padding=2),
            nn.ReLU(),
            nn.MaxPool1d(kernel_size=2, stride=2))
        self.layer2 = nn.Sequential(
            nn.Conv1d(16, 32, kernel_size=5, stride=1, padding=2),
            nn.ReLU(),
            nn.MaxPool1d(kernel_size=2, stride=2))
        self.fc = nn.Linear(32 * (time_step // 4), 1)

    def forward(self, x):
        out = self.layer1(x)
        out = self.layer2(out)
        out = out.view(out.size(0), -1)
        out = self.fc(out)
        return out

model = CNN()

# 定义损失函数和优化器
criterion = nn.MSELoss()
optimizer = optim.Adam(model.parameters(), lr=0.001)
# 训练模型
num_epochs = 20
for epoch in range(num_epochs):
```

```
    model.train()
    for i, (inputs, targets) in enumerate(train_loader):
        outputs = model(inputs)
        loss = criterion(outputs, targets.view(-1, 1))
        optimizer.zero_grad()
        loss.backward()
        optimizer.step()
    if (epoch + 1) % 10 == 0:
        print(f'第 [{epoch + 1}/{num_epochs}] 轮 , 损失 : {loss.item():.4f}')

# 进行预测并可视化结果
# 使用测试数据进行预测，并与真实值进行对比。
model.eval()
with torch.no_grad():
    train_predict = model(X_train).numpy()
    test_predict = model(X_test).numpy()

# 可视化结果
plt.figure(figsize=(12, 6))

# 显示最后 100 个数据点
n_display = 100

# 训练集结果
plt.subplot(1, 2, 1)
plt.plot(range(len(y_train))[-n_display:], y_train[-n_display:], label='真实值')
plt.plot(range(len(train_predict))[-n_display:], train_predict[-n_display:], label='预
测值')
plt.xlabel('时间')
```

```
plt.ylabel('振幅')
plt.title('训练数据 - 最后 100 个数据点')
plt.legend()

# 测试集结果
plt.subplot(1, 2, 2)
plt.plot(range(len(y_test))[-n_display:], y_test[-n_display:], label='真实值')
plt.plot(range(len(test_predict))[-n_display:], test_predict[-n_display:], label='预测
值')
plt.xlabel('时间')
plt.ylabel('振幅')
plt.title('测试数据 - 最后 100 个数据点')
plt.legend()
plt.tight_layout()
plt.show()
```

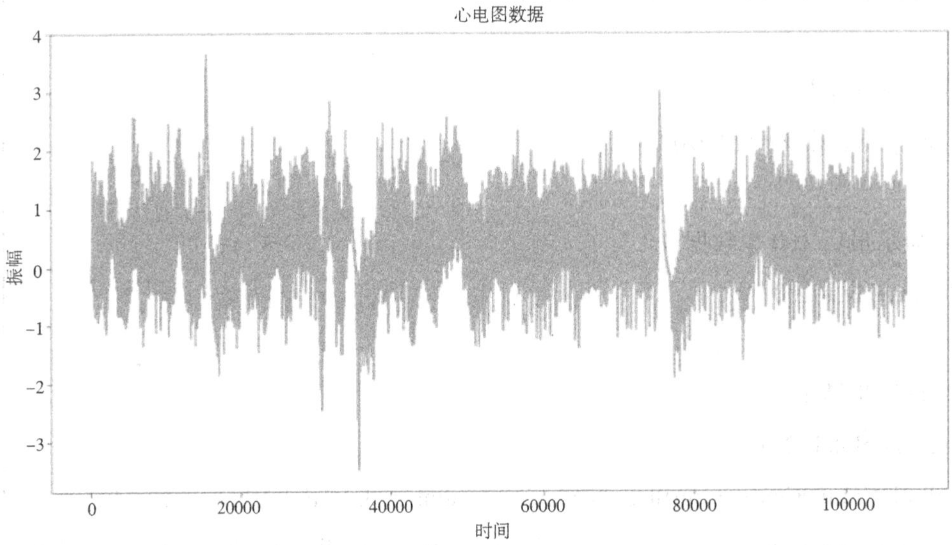

第 [10/20] 轮 , 损失 : 0.0010

第 [20/20] 轮 , 损失 : 0.0008

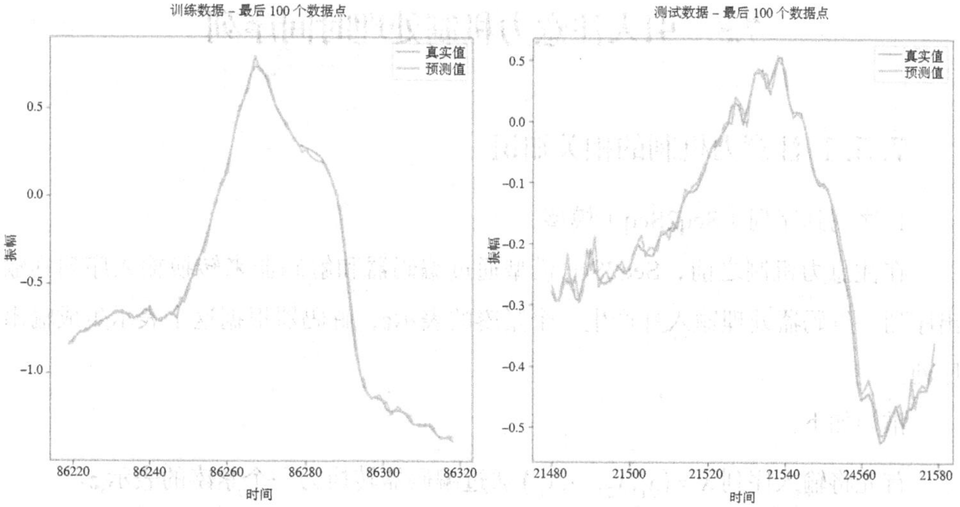

代码解释：

使用 scipy.datasets.electrocardiogram 获取心电图数据。

定义 create_dataset 函数，将原始数据分割成时间序列数据对（输入和输出），这里每个输入包含连续 time_step 个时间点的数据，用于预测下一个时间点的值。

将处理后的时间序列数据集分为训练集和测试集，比例为 80% 训练，20% 测试。

对数据进行形状调整，以适应 CNN 的输入要求，并转换为 PyTorch 张量。

使用 TensorDataset 和 DataLoader 封装数据，便于模型训练和测试过程中的批量处理。

定义一个简单的两层 CNN 模型，每层包含卷积、ReLU 激活、最大池化操作。最后一层为全连接层，用于输出预测值。

模型的输入通道数为 1（因为是单变量时间序列）。

采用均方误差（MSE）损失函数和 Adam 优化器。

在模型训练完成后，切换到评估模式，对训练集和测试集进行预测。

7.5 引入注意力机制处理时间序列

7.5.1 注意力机制的相关知识

1. 序列到序列（Seq2Seq）模型

在注意力机制之前，Seq2Seq 模型通过编码器和解码器来转换输入序列到输出序列。编码器处理输入并产生一个紧凑的表示z，解码器根据这个表示生成输出序列。

推导如下：

首先将输入序列 $\boldsymbol{x}=\left(x_1,x_2,\cdots,x_T\right)$ 通过编码器转换为一个紧凑的表示 z。

$$\boldsymbol{h}_t=\text{Encoder}\left(x_t,\boldsymbol{h}_{t-1}\right)$$

其中，$\boldsymbol{h}_t$ 是在时间步 t 的隐藏状态。编码器通常是一个 RNN、LSTM 或 GRU。

最终，编码器将整个输入序列 $\boldsymbol{x}$ 压缩成一个上下文向量 z，这通常是最后一个隐藏状态：

$$z=\boldsymbol{h}_T$$

解码器根据编码器生成的上下文向量 z 生成输出序列 $\mathbf{y}=\left(y_1,y_2,\ldots,y_{T'}\right)$。

解码器的初始隐藏状态通常设为 $\boldsymbol{h}_0'=z$。接着，解码器逐步生成输出序列的每一个元素：

$$\boldsymbol{h}_t'=\text{Decoder}\left(y_{t-1},\boldsymbol{h}_{t-1}'\right)$$

其中，$\boldsymbol{h}_t'$ 是在时间步 t 的解码器隐藏状态。

输出 y_t 通过解码器隐藏状态 $\boldsymbol{h}_t'$ 计算得到：

$$y_t=\text{Output}\left(\boldsymbol{h}_t'\right)$$

Seq2Seq 模型在没有注意力机制时，整个过程可以总结为以下步骤：

编码器处理输入序列 $\boldsymbol{x}$，得到隐藏状态序列 $\boldsymbol{h}_1,\boldsymbol{h}_2,\cdots,\boldsymbol{h}_T$。

取最后一个隐藏状态作为上下文向量 $z=\boldsymbol{h}_T$。

解码器根据上下文向量 z 初始化隐藏状态，并逐步生成输出序列 $\boldsymbol{y}$。

完整公式：

$$\begin{aligned}
&\boldsymbol{h}_t = \text{Encoder}\left(x_t, \boldsymbol{h}_{t-1}\right), t = 1, \cdots, T \\
&\boldsymbol{z} = \boldsymbol{h}_T \\
&\boldsymbol{h}_0' = \boldsymbol{z} \\
&\boldsymbol{h}_t' = \text{Decoder}\left(y_{t-1}, \boldsymbol{h}_{t-1}'\right), t = 1, \cdots, T' \\
&y_t = \text{Output}\left(\boldsymbol{h}_t'\right), t = 1, \cdots, T'
\end{aligned}$$

2. RNN 的限制

传统的 RNN 在处理较短序列时表现较好，但在处理长序列时存在一些瓶颈问题，主要原因如下。

（1）在反向传播过程中，梯度会经过很多层的循环，导致梯度值可能会迅速下降或者增大到无穷大。梯度消失会导致 RNN 无法有效地捕获长期依赖关系，而梯度爆炸则会使网络无法收敛。这个问题随着序列长度的增加会变得更加严重。

（2）由于 RNN 的隐藏状态向量维度是有限的，因此它只能编码有限长度的序列信息。随着序列变长，RNN 很难捕获和记住序列前面的重要信息，因为这些信息会在隐藏状态向量中被后面的信息所覆盖或淡化。

（3）在处理长序列时，信息需要通过许多时间步才能到达 RNN 的输出层。随着序列长度的增加，反向传播的路径也会变长，这将增加权重更新的困难。

（4）RNN 在每个时间步只能访问当前的输入和上一个时间步的隐藏状态，无法对先前计算的隐藏状态进行修改。这使得 RNN 很难有效地利用序列中的所有信息。

为了解决这些问题，研究人员提出了几种改进的 RNN 变体，如 LSTM 和 GRU。这些变体通过引入门控机制来缓解梯度消失 / 爆炸问题，并提高捕获长期依赖关系的能力。然而即使是 LSTM 和 GRU，在处理极长序列时也会遇到性能瓶颈。

注意力机制允许神经网络在编码时直接访问序列中的所有位置，而不需要通过递归函数来传递信息。这大大提高了处理长序列的能力。

3. 注意力机制的引入

注意力机制的核心思想是让上下文向量 $\boldsymbol{z}$ 能够访问输入序列的所有部分，而不仅仅是最后一个。即让上下文向量 $\boldsymbol{z}$ 能够直接访问输入序列 $\boldsymbol{x}$ 的所有时间步信息，而不仅仅依赖于最后一个隐藏状态。这通过形成与每个时间步的直接连接来实现。

具体来说，注意力机制为每个时间步 t 计算一个注意力权重 α_t，表示解码器对该时间步的关注程度。然后，将所有时间步的隐藏状态 $\boldsymbol{h}_t$ 根据其注意力权重 α_t 进行加权求和，得到上下文向量 $\boldsymbol{z}$：

$$\alpha_t = \frac{\exp\left(\text{score}\left(\boldsymbol{s}_{t-1}, \boldsymbol{h}_t\right)\right)}{\sum_{t'=1}^{T_x} \exp\left(\text{score}\left(\boldsymbol{s}_{t-1}, \boldsymbol{h}_{t'}\right)\right)}$$

$$\boldsymbol{z} = \sum_{t=1}^{T_x} \alpha_t \boldsymbol{h}_t$$

其中，函数 $\text{score}\left(\boldsymbol{s}_{t-1}, \boldsymbol{h}_t\right)$ 用于计算解码器的前一个隐藏状态 $\boldsymbol{s}_{t-1}$ 与输入序列每个时间步隐藏状态 $\boldsymbol{h}_t$ 之间的相关性分数。通常使用如下公式：

$$\text{score}\left(\boldsymbol{s}_{t-1}, \boldsymbol{h}_t\right) = \boldsymbol{s}_{t-1}^{\mathrm{T}} \boldsymbol{W}_a \boldsymbol{h}_t$$

其中，$\boldsymbol{W}_a$ 是一个可学习的权重矩阵。

通过这种方式，注意力机制让解码器能够直接关注输入序列中与当前时间步最相关的部分，而不是仅依赖最后一个隐藏状态来编码整个序列。这样可以更好地捕获长期依赖关系，并且不受序列长度的限制。

值得注意的是，注意力权重 α_t 是通过软性查找（soft lookup）获得的，即根据相关性分数计算出每个时间步对应的权重，而不是通过硬性查找（hard lookup）只选择单个最相关的时间步。这使得注意力机制能够更加灵活地利用输入序列中的所有信息。

4. 编码器 - 解码器中的注意力

在 Seq2Seq RNN 模型中，注意力被定义为解码器的前一个状态和编码器的所有隐藏状态之间的关系得分。具体来说，注意力被定义为解码器的前一个隐藏状态与编码器的所有隐藏状态之间的关系分数（relevance score）。

设输入序列为 $\boldsymbol{x} = \left(x_1, x_2, \cdots, x_{T_x}\right)$，编码器的隐藏状态序列为 $\boldsymbol{H} = \left(h_1, h_2, \cdots, h_{T_x}\right)$，其中 $\boldsymbol{h}_t$ 是 t 时刻的隐藏状态。解码器在时刻 t 的隐藏状态为 $\boldsymbol{s}_t$。注意力机制的计算过程如下。

首先，计算关系分数。

对于每个时刻t'，计算解码器隐藏状态s_t与编码器隐藏状态$h_{t'}$之间的关系分数：

$$e' = \text{score}\left(s_t, h_{t'}\right)$$

其中，score 函数用于计算关系分数，通常有以下选择。

加性注意力：$e_{t'} = v_a^{\mathrm{T}} \tanh\left(W_a h_{t'} + U_a s_t + b_a\right)$

点积注意力：$e_{t'} = s_t^{\mathrm{T}} W_a h_{t'}$

其中，v_a、W_a、U_a 和 b_a 是可学习的权重参数

然后计算注意力权重。

将关系分数通过 softmax 函数归一化，得到注意力权重：

$$\alpha_{t'} = \frac{\exp\left(e_{t'}\right)}{\sum_{k=1}^{T_x} \exp\left(e_k\right)}$$

注意力权重 $\alpha_{t'}$ 表示解码器当前状态对编码器第 t' 时刻的隐藏状态的关注程度。

最后计算上下文向量。

将注意力权重与对应的编码器隐藏状态进行加权求和，得到上下文向量 c_t：

$$\mathrm{c}_t = \sum_{t'=1}^{T_x} \alpha_{t'} h_{t'}$$

上下文向量 c_t 可以看作是编码器端相关信息的加权表示，解码器将使用它来预测输出。

在实际应用中，上下文向量 c_t通常会与解码器的隐藏状态 s_t 级联作为解码器的输入，用于预测输出序列的下一个元素。注意力机制允许解码器动态地关注编码器端不同位置的信息，从而更好地建模输入与输出之间的依赖关系，这在处理长序列时尤为重要。

5. 自注意力（self attention）

自注意力是 Transformer 架构的关键组成部分，它在序列的元素之间寻找分数，而不是寻找输入输出序列之间的关联。与传统注意力机制有着本质的不同。在传统注意力中，注意力分数是在解码器端的查询向量（来自解码器状态）与编码器端的键向量（来自编码器状态）之间计算的。而自注意力则是序列中的每个元素都可以与该序列中的其他所有元素建立直接的注意力关联。

自注意力机制可以形式化描述如下：

给定一个输入序列 $X=\left(x_1,x_2,\cdots,x_n\right)$，我们首先将其映射为一系列的向量表示 $\boldsymbol{Q}$、$\boldsymbol{K}$、$\boldsymbol{V}$，分别表示查询（query）、键（key）和值（value）：

$$\boldsymbol{Q}=X\boldsymbol{W}^{Q}$$
$$\boldsymbol{K}=X\boldsymbol{W}^{K}$$
$$\boldsymbol{V}=X\boldsymbol{W}^{V}$$

其中，$\boldsymbol{W}^{Q}$、$\boldsymbol{W}^{K}$、$\boldsymbol{W}^{V}$ 是可学习的权重矩阵。

接下来，计算查询与所有键之间的注意力分数：

$$\text{attention}\left(\boldsymbol{Q},\boldsymbol{K},\boldsymbol{V}\right)=\text{softmax}\left(\frac{\boldsymbol{Q}\boldsymbol{K}^{\mathrm{T}}}{\sqrt{d_k}}\right)\boldsymbol{V}$$

其中，d_k 是键向量的维度，用于缩放点积注意力分数，防止过大的值导致 softmax 函数梯度较小。

softmax 函数对注意力分数进行归一化，得到每个位置对其他所有位置的注意力权重。然后，将注意力权重与值向量 $\boldsymbol{V}$ 相乘并求和，得到该位置的加权表示，即自注意力的输出。

自注意力允许每个元素直接关注到其他元素中与自己最相关的部分，而不需要通过序列操作来间接获取上下文信息。这种全局建模方式使得自注意力擅长捕获长距离依赖关系，并且可以高效地并行计算。

在实际应用中，自注意力通常使用多头注意力（multi-head attention）的形式，即对输入序列进行多次线性投影，分别计算注意力，最后将这些注意力表示进行拼接，捕获序列中不同的相关模式。多头自注意力是 Transformer 等模型的核心部分，极大提高了模型性能。

总之，自注意力机制通过直接建模序列中元素之间的关联关系，简化了传统序列模型中的递归运算，大幅提升了模型的并行计算能力和长期依赖建模能力，成为当前最成功的序列建模技术之一。

6. 注意力的优势

注意力机制除了解决序列处理任务中长期依赖的瓶颈问题外，还具备以下几个主要优势。

（1）消除梯度消失问题：传统的 RNN 在处理长序列时容易遇到梯度消失或

梯度爆炸的问题，这是因为梯度需要通过多个递归时间步传播，容易在这个过程中衰减或爆炸。注意力机制通过直接连接每个位置的输入与输出，使得梯度可以直接传播，不需要经过多个时间步，从而有效避免了梯度消失 / 爆炸问题。这使得模型能够更好地捕获长期依赖关系。

（2）降低计算复杂度：在传统的 Seq2Seq 架构中，编码器需要将整个输入序列编码到一个固定长度的向量中，当序列很长时，信息极有可能会被过度压缩导致丢失。而注意力机制通过直接连接编码器和解码器，使得解码器可以根据需要选择性地获取输入序列中的任何部分信息，而不需要编码整个序列。这种选择性关注机制降低了计算复杂度。

（3）并行计算能力：传统 RNN 由于存在递归结构，难以实现并行化计算。注意力机制则允许对序列中所有位置的注意力分数同时计算，消除了顺序计算的限制，从而可以充分利用 GPU 的并行计算能力。

（4）结构化的表示：注意力机制为每个目标位置生成一个对于编码器不同位置的注意力权重向量，该权重向量就是目标与输入之间结构化的关系表示。这种结构化表示往往更有解释性，有助于分析模型内部行为。

（5）灵活的结构：注意力机制可以自由地连接任意两个向量序列，而不受位置或距离的影响。这使得注意力模型具有很强的灵活性，可以适应多种不同结构的输入输出。

7.5.2 采用注意力机制进行时间预测的例子

为了引入注意力机制，可以在上面的 CNN 模型时间预测例子的基础上添加一个注意力层：

（1）定义一个简单的注意力机制；

（2）将注意力机制添加到 CNN 模型中。

注意力机制通常用来计算输入特征的重要性权重，并使用这些权重加权输入特征，从而聚焦于重要特征。下面示例定义了一个简单的 attention 类，并将其添加到 CNN 类中。注意力层计算特征的加权平均值，并将其作为全连接层的输入，从而在模型中引入注意力机制。这样可以提高模型的性能，特别是在处理时间序列数据时。

以下是引入注意力机制的代码。

示例 7-4：

```
# 定义注意力机制
class Attention(nn.Module):
    def __init__(self, feature_dim, step_dim, bias=True):
        super(Attention, self).__init__()
        self.feature_dim = feature_dim
        self.step_dim = step_dim
        self.bias = bias
        self.weight = nn.Parameter(torch.Tensor(feature_dim, 1))
        if bias:
            self.b = nn.Parameter(torch.Tensor(step_dim))
        else:
            self.register_parameter( 'b' , None)
        nn.init.xavier_uniform_(self.weight)
        if bias:
            nn.init.constant_(self.b, 0.0)

    dcf forward(self, x):
        e = torch.matmul(x, self.weight).squeeze(-1)
        if self.bias:
            e += self.b
        e = torch.tanh(e)
        a = torch.softmax(e, dim=-1)
        a = a.unsqueeze(-1)
        weighted_input = x * a
        return weighted_input.sum(dim=1)

# 构建 CNN 模型并添加注意力机制
```

```
class CNN(nn.Module):
    def __init__(self):
        super(CNN, self).__init__()
        self.layer1 = nn.Sequential(
            nn.Conv1d(1, 16, kernel_size=5, stride=1, padding=2),
            nn.ReLU(),
            nn.MaxPool1d(kernel_size=2, stride=2))
        self.layer2 = nn.Sequential(
            nn.Conv1d(16, 32, kernel_size=5, stride=1, padding=2),
            nn.ReLU(),
            nn.MaxPool1d(kernel_size=2, stride=2))
        self.attention = Attention(32, time_step // 4)
        self.fc = nn.Linear(32, 1)

    def forward(self, x):
        out = self.layer1(x)
        out = self.layer2(out)
        out = out.permute(0, 2, 1)  # [batch_size, seq_len, feature_dim]
        out = self.attention(out)
        out = self.fc(out)
        return out

model = CNN()

# 定义损失函数和优化器
criterion = nn.MSELoss()
optimizer = optim.Adam(model.parameters(), lr=0.001)

# 训练模型
```

```
num_epochs = 20
for epoch in range(num_epochs):
    model.train()
    for i, (inputs, targets) in enumerate(train_loader):
        outputs = model(inputs)
        loss = criterion(outputs, targets.view(-1, 1))
        optimizer.zero_grad()
        loss.backward()
        optimizer.step()

    if (epoch + 1) % 10 == 0:
        print(f' 第 [{epoch + 1}/{num_epochs}] 轮，损失：{loss.item():.4f}')

# 进行预测并可视化结果
model.eval()
with torch.no_grad():
    train_predict = model(X_train).numpy()
    test_predict = model(X_test).numpy()

# 可视化结果
plt.figure(figsize=(12, 6))

# 显示最后 100 个数据点
n_display = 100

# 训练集结果
plt.subplot(1, 2, 1)
plt.plot(range(len(y_train))[-n_display:], y_train[-n_display:], label='真实值')
plt.plot(range(len(train_predict))[-n_display:], train_predict[-n_display:], label='预
测值')
```

```
plt.xlabel('时间')
plt.ylabel('振幅')
plt.title('训练数据 - 最后 100 个数据点')
plt.legend()

# 测试集结果
plt.subplot(1, 2, 2)
plt.plot(range(len(y_test))[-n_display:], y_test[-n_display:], label='真实值')
plt.plot(range(len(test_predict))[-n_display:], test_predict[-n_display:], label='预测值')
plt.xlabel('时间')
plt.ylabel('振幅')
plt.title('测试数据 - 最后 100 个数据点')
plt.legend()
plt.tight_layout()
plt.show()
```

第 [10/20] 轮 , 损失 : 0.0014

第 [20/20] 轮 , 损失 : 0.0005

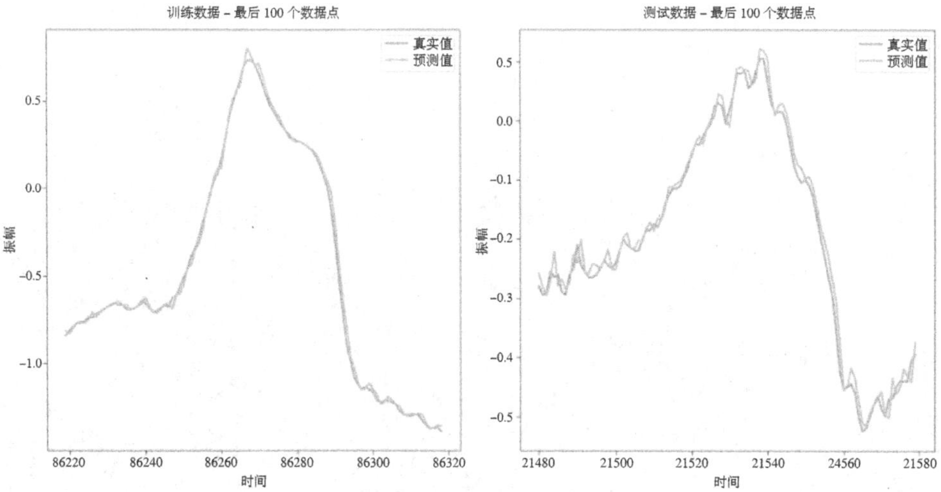

7.6 本章小结

本章介绍了如何利用深度学习模型处理复杂的时间序列数据，并通过多种深度学习技术实现数据预处理和降维。首先，本章概述了深度学习的核心概念及其常见模型，包括全连接网络、循环神经网络（RNN）、卷积神经网络（CNN），以及注意力机制的应用。随后，介绍了这些模型在时间序列分析中的应用，包括基于深度学习的马尔可夫时间序列预测、使用深度学习模型预测周期性时间序列（例如由 sin 函数预测 cos 函数），以及利用自编码器和生成对抗网络进行数据处理的案例。通过本章的学习，读者将掌握如何运用深度学习技术解决复杂的数据分析和可视化挑战。

参考文献

[1] 魏伟一 . Python 数据分析与可视化 [M]. 2 版 . 北京：清华大学出版社，2021.
[2] 冯兴东 . 数据分析与可视化 [M]. 北京：人民邮电出版社 ,2023.
[3] 吕云翔 . Python 数据分析与可视化 [M]. 北京：机械工业出版社 ,2022.
[4] 朱晓峰，吴志祥 . 数据可视化导论 [M]. 北京：机械工业出版社，2021.
[5] 杨尊琦 . 数据分析及可视化：Tableau 原理与实践 [M]. 北京：机械工业出版社，2022.
[6] 辛勤，孙慈珺，沈璎 . 数据分析及可视化研究 [M]. 上海：上海交通大学出版社，2019.
[7] 唐四薪，赵辉煌，唐琼 . 大数据分析实用教程：基于 PYTHON 实现 [M]. 北京：机械工业出版社，2021.
[8] 余挺，李超 . 基于 PYTHON 语言的数据分析 [M]. 北京：北京邮电大学出版社，2021.
[9] 李兆延，刘佳雪，罗鑫鑫 . Python 数据分析与应用案例教程 [M]. 上海：上海交通大学出版社，2022.
[10] 岑远红，刘学 . Pandas 数据处理 [M]. 重庆：重庆大学出版社，2022.
[11] 宿莉，程书红 . Python 数据分析 [M]. 北京：机械工业出版社，2022.
[12] 成立明，胡书敏，黄勇 . Python 爬虫、数据分析与可视化：工具详解与案例实战 [M]. 北京：机械工业出版社，2021.
[13] 杨尚森，许桂秋 . 大数据可视化技术 [M]. 杭州：浙江科学技术出版社，2020.
[14] 角明 . Python 科学计算入门 [M]. 陈欢译 . 北京：中国水利水电出版社，2021.

[15] 余先昊，袁华 . 数据可视化 Pyecharts 探秘实践教程 [M]. 武汉：武汉理工大学出版社，2022.

[16] 唐四薪 . 机器学习算法入门与编程实践：基于 Python[M]. 北京：机械工业出版社，2021.

[17] 吴至文，郭叶军，宗炜，等 . OpenCV 深度学习应用与性能优化实践 [M]. 北京：机械工业出版社，2020.

[18] 吕云翔 . Python 深度学习 [M]. 北京：机械工业出版社，2020.

[19] 沈雅 . 常用的大数据可视化分析工具 [J]. 计算机与网络，2020，46（20）：39.

[20] 李天辉 . 基于 python 的数据分析可视化研究与实现 [J]. 电子测试，2020，（20）：78-79.

[21] 华振宇 . 两个 Python 第三方库：Pandas 和 NumPy 的比较 [J]. 电脑知识与技术，2023，19（1）：71-73+76.

[22] 沈逸飞，任春龙，胡云飞，等 . 浅析 C 语言、Java、Python 的数组合并方法 [J]. 电脑知识与技术，2020，16（3）：78-82.

[23] 黄素青 . Python 编程语言在大数据分析中的运用策略 [J]. 无线互联科技，2023，20（8）：98-100.

[24] 谢明宏，邱崇涛，祁程，等 . Python 语言在物探数据清洗中的探索 [J]. 物探化探计算技术，2020，42（6）：814-822.

[25] 丁宇，李瑞祥 . 利用 pandas 的数据清洗功能来提取宽带用户的相关信息 [J]. 网络安全和信息化，2021，（9）：94-96.

[26] 杨小军，冯斌，柏志尧 . 基于 Z-score 模型的学员分组答辩成绩组间差消除办法 [J]. 计算机与数字工程，2022，50（3）：471-475.

[27] 杜军，谭鹏，陈曦，等 . 一种基于最小值和 Min-Max 方法修正的科研项目综合相似度计算方法 [J]. 云南民族大学学报（自然科学版），2023，32（6）：759-763.

[28] 陆凡 . 基于 Matplotlib 的高互动性可视化系统设计与实现 [J]. 信息与电脑（理论版），2023，35（15）：17-20.

[29] 薛先贵，黎路 . 数据可视化教学中 Matplotlib 教学应用探讨 [J]. 福建电脑，2020，36（12）：215-216.

[30] 路强，葛逸凡，余烨，等 . MDataEE：多因素时间序列数据的分析与可视化 [J]. 计算机辅助设计与图形学学报，2022，34（10）：1613-1625.

[31] 闫龙川，李妍，宋浒，等 . 基于 Prophet-DeepAR 模型的 Web 流量预测 [J]. 广西师范大学学报（自然科学版），2022，40（3）：172-184.

[32] 马佳琪，滕国文 . 基于 Matplotlib 的大数据可视化应用研究 [J]. 电脑知识与技术，2019，15（17）：18-19.

[33] 张玉叶 . 基于 PyEcharts 的数据可视化 [J]. 电脑知识与技术，2022，18（2）：24-27.

[34] 李晨昊，王剑雄，党然，等 . 基于 PyECharts 的爬虫数据可视化研究 [J]. 河北建筑工程学院学报，2023，41（2）：209-213.

[35] 王博 . 基于机器学习的可视化数学建模系统设计 [J]. 无线互联科技，2022，19（14）：157-159.

[36] 欧琪，王剑雄，孙歌，等 . 基于 OpenCV 的距离估计的数据可视化研究 [J]. 河北建筑工程学院学报，2022，40（4）：180-184.

[37] 郭沛延，王中流，王岩，等 . 基于 Python 深度学习的图像数据分析 [J]. 电子测试，2021（24）：75-77.

[38] 王冬旭 . 基于 Python 的旅游网站数据爬虫研究 [D]. 沈阳：沈阳理工大学，2020.

[39] 邹思宇 . 基于网络爬虫的计量数据分析系统开发 [D]. 长春：吉林大学，2021.

[40] 施军 . 跨平台统一 DataFrame 大数据编程模型与系统 [D]. 南京：南京大学，2019.

[41] 杨凤 . 基于人工智能的课程答疑系统的研究 [D]. 大连：大连海事大学，2020.

[42] 张璞 . 基于深度学习的网格化气象预报研究 [D]. 海口：海南大学，2023.

[43] 尹王平 . 时序数据离散化方法研究与应用 [D]. 北京：中国石油大学，2023.
[44] 李季操 . 基于神经网络的粮食仓储温度三维可视化研究 [D]. 北京：北京邮电大学，2021.
[45] 张鹏 . 时间序列数据快速索引与可视化 [D]. 武汉：华中科技大学，2021.